Wenqiang Chai

Multivalent kationische Tenside und Polymere

Wenqiang Chai

Multivalent kationische Tenside und Polymere

Synthese und Komplexierung

Südwestdeutscher Verlag für Hochschulschriften

Impressum / Imprint
Bibliografische Information der Deutschen Nationalbibliothek: Die Deutsche Nationalbibliothek verzeichnet diese Publikation in der Deutschen Nationalbibliografie; detaillierte bibliografische Daten sind im Internet über http://dnb.d-nb.de abrufbar.
Alle in diesem Buch genannten Marken und Produktnamen unterliegen warenzeichen-, marken- oder patentrechtlichem Schutz bzw. sind Warenzeichen oder eingetragene Warenzeichen der jeweiligen Inhaber. Die Wiedergabe von Marken, Produktnamen, Gebrauchsnamen, Handelsnamen, Warenbezeichnungen u.s.w. in diesem Werk berechtigt auch ohne besondere Kennzeichnung nicht zu der Annahme, dass solche Namen im Sinne der Warenzeichen- und Markenschutzgesetzgebung als frei zu betrachten wären und daher von jedermann benutzt werden dürften.

Bibliographic information published by the Deutsche Nationalbibliothek: The Deutsche Nationalbibliothek lists this publication in the Deutsche Nationalbibliografie; detailed bibliographic data are available in the Internet at http://dnb.d-nb.de.
Any brand names and product names mentioned in this book are subject to trademark, brand or patent protection and are trademarks or registered trademarks of their respective holders. The use of brand names, product names, common names, trade names, product descriptions etc. even without a particular marking in this works is in no way to be construed to mean that such names may be regarded as unrestricted in respect of trademark and brand protection legislation and could thus be used by anyone.

Coverbild / Cover image: www.ingimage.com

Verlag / Publisher:
Südwestdeutscher Verlag für Hochschulschriften
ist ein Imprint der / is a trademark of
AV Akademikerverlag GmbH & Co. KG
Heinrich-Böcking-Str. 6-8, 66121 Saarbrücken, Deutschland / Germany
Email: info@svh-verlag.de

Herstellung: siehe letzte Seite /
Printed at: see last page
ISBN: 978-3-8381-3533-5

Zugl. / Approved by: Johannes Gutenberg-Universität Mainz, Diss., 2012

Copyright © 2012 AV Akademikerverlag GmbH & Co. KG
Alle Rechte vorbehalten. / All rights reserved. Saarbrücken 2012

zur Erlangung des akademischen Grades eines Doktors der Naturwis-
senschaften im Promotionsfach Chemie
des Fachbereichs Chemie, Pharmazie und Geowissenschaften
der Johannes Gutenberg-Universität Mainz

Kurzfassung

Der Einsatz von den Polyelektrolytkomplexen von DNA / RNA mit Polykationen oder Lipiden in der Gen-Therapie ist für Wissenschaftler von besonderem Interesse, da sie als Träger für den Transport von genetischem Material in lebende Zellen fungieren können. Interessant ist auch die Komplexbildung aus Gadolinium und Polykation, hier können die stabil gebildeten Aggregate als Kontrastmittel zur Anwendung in der Magnetresonanztomographie eingeführt werden.

Ziel der vorliegenden Arbeit war es, strukturdefinierte, positiv geladene, polyvalente sperminanaloge Polymere zu synthetisieren. Durch die polyelektrolytische Natur erlauben solche Polymere die Komplexierung von mehr Gadolinium-Polyoxometalaten und wären deshalb sehr gut als Kontrastmittel geeignet. Aufbauend auf den Vorarbeiten, wurde insbesondere die Komplexbildung von kationischem Polymer mit der Green Fluorescent Protein DNA in physiologischem Salzgehalt untersucht.

Die Beschreibung der Synthese im Rahmen dieser Arbeit zeigt, dass es mit dem entwickelten Syntheseprinzip, also unter Einsatz von orthogonaler Schutzgruppenchemie und funktionaler Transformation gelungen ist, durch einfache nukleophile Substitution die Kopplung der Elementareinheiten zu komplexeren, auch ionischen Tensiden durchzuführen.

Die Komplexierung von Gadolinium-Polyoxometalat mit kationisch geladenem Polymer in reinem Wasser und in physiologischem Salzgehalt hat gezeigt, dass bei einem Ladungsverhältnis von ungefähr 2:1 stabile sphärische Komplexe gebildet werden. HeLa-Zellen zeigen keine hohe Empfindlichkeit gegenüber Polykation-POM-Komplexen, da deren toxische Wirkung nur einen Anteil toter Zellen von maximal 24 % zur Folge hatte. Die Bildqualität einer MRT-Aufnahme der gebildeten Polykation-POM-Komplexe wurde im Vergleich zu den reinen Gadolinium-Polyoxometalat-Lösungen erheblich verbessert.

Die Komplexierung von DNA mit dem im Überschuss vorliegenden kationisch geladenen Polymer wurde mittels Rasterkraftmikroskopie, statischer sowie dynamischer Lichtstreuung untersucht. Die Molmasse und Größe der Polykation-DNA-Komplexe geben eindeutige Hinweise darauf, dass sich in physiologischer Salzlösung Multi-Ketten-Komplexe bilden.

Neben der Untersuchung der Polymer-Komplexe wurde eine Reihe neuartiger multivalenter kationischer Tenside hergestellt, wobei ihre Eigenschaften beispielsweise mit Tensid B ($C_{12}N_4$), Tensid C (EG_8N_4) und Tensid F ($EG_8C_{12}N_4$) in wässriger Lösung bei verschiedener Salzkonzentration im Vordergrund stehen.

Abstract

Polyelectrolyte complexes formed by polycation/lipids with DNA or RNA have received increasing attention in recent years, since they can act as carriers to transport genetic materials to living cells in gene therapy. On the other hand, the formation of stable complexes between polycation and gadolinium-polyoxometalate can be used as radio-contrast agents for magnetic resonance imaging (MRI).

The aim of this work is to synthesize and characterize a family of positively charged, polyvalent spermine derivatives. These polycations, substantially combined with gado-linium-polyoxometalates (POM), can provide improved imaging performance of MRI when used as radiocontrast agents. The formation of spermine polycations with green fluorescent protein DNA in physiological saline was also investigated.

The complicated ionic surfactants and polycations were synthesized by using orthogonal protecting group and functional transformation. At a charge ratio of about 2:1 stable spherical complexes were formed between the gadolinium-polyoxometalate and the positively charged polymer in both pure water and physiological saline. Toxicity experiments using HeLa cell showed that the cells were not very sensitive to the POM polycation complexes because only a fraction of up to 24% of dead cells was observed. The MRI experiments show that the synthesized POM-polycation complexes significantly improve the image quality compared to the pure gadolinium-polyoxome and the currently commercially available radiocontrast agents.

The DNA complexes with positively charged polymer were characterized imaged by means of atomic force microscopy (AFM) and static and dynamic light scattering. The results clearly indicate the formation of multi-chain complexes in physiological saline conditions, reflected by the increase of molecular weight and size of the polycation-DNA complexes. Furthermore, in these work different multivalent cationic surfactants, for example surfactant B ($C_{12}N_4$), surfactant C (EG_6N_4) and surfactant F ($EG_8C_{12}N_4$) were characterized with static and dynamic light scattering in aqueous solutions with varying salt concentration.

Inhaltsverzeichnis

1	Einleitung und Zielsetzung	1
1.1	Einleitung	1
1.2	Zielsetzung	5
2	Theoretische Grundlagen	7
2.1	Lichtstreuung	7
	2.1.1 Statische Lichtstreuung	7
	2.1.2 Dynamische Lichtstreuung	11
2.2	Röntgen-Photoelektronenspektroskopie (XPS)	14
2.3	Magnetresonanztomographie	16
3	Synthese und Charakterisierung eines polyvalenten kationischen sperminanalogen Polymers	18
3.1	Synthese des Polykationischen Poly-Hexylsperminacrylamids (PHSAM)	19
	3.1.1 Synthese des Monomers	19
	3.1.2 Synthese des RAFT-Reagenz	26
	3.1.3 Synthese des polyvalenten, kationischen Polymers durch RAFT-Polymerisation	28
3.2	Charakterisierung des polyvalenten kationischen Polymers	30
	3.2.1 Charakterisierung des Boc-geschützten Polymers	30
	3.2.2 Charakterisierung des positiv geladenen Polymers (PHSAM)	32
3.3	Zusammenfassung von Kapitel 3	41
4	Komplexbildung und Charakterisierung	42
4.1	Komplexbildung von kationisch geladenem Polymer mit Polyoxometalat	43
	4.1.1 Komplexbildung in Wasser ohne Fremdsalzzugabe	44
	4.1.2 Komplexierung in Wasser unter Zusatz von Fremdsalz	57
	4.1.3 Toxizitätstest	61
	4.1.4 MRT–Charakterisierung der Komplexbildung	66
	4.1.5 Zusammenfassung von Kapitel 4.1	68
4.2	Komplexbildung des kationisch geladenen Polymers mit DNA	69
	4.2.1 Zusammenfassung von Kapitel 4.2	79

5	Synthese und Charakterisierung von multivalenten kationischen Tensiden	81
5.1	Herstellung des hydrophilen Bausteins	83
5.2	Herstellung Tensid A	84
5.3	Herstellung Tensid B	88
5.4	Herstellung Tensid C	93
5.5	Herstellung Tensid D	97
5.6	Herstellung Tensid E	100
5.7	Herstellung Tensid F	103
5.8	Zusammenfassung von Kapitel 5	109
6	Zusammenfassung und Ausblick	110
7	Experimente	113
7.1	Lösungsmittel und Chemikalien	113
7.2	Bemerkungen zu den allgemeinen Arbeitstechniken	115
7.3	Nachweisreagenz	116
7.4	Allgemeine Arbeitsweisen	116
	Abspalten der Boc-Schutzgruppe	116
7.5	Synthese	117
	7.5.1 Darstellung von monodispersen α,ω-heterobifunktionellen Oligoethylenoxiden	117
	7.5.2 Darstellung von Tri-Boc-Spermin	121
	7.5.3 Darstellung Tensid A	122
	7.5.4 Darstellung Tensid B	125
	7.5.5 Darstellung Tensid C	129
	7.5.6 Darstellung Tensid D	130
	7.5.7 Darstellung Tensid E	134
	7.5.8 Darstellung Tensid F	137
	7.5.9 Herstellung des Poly-Hexylsperminacrylamids (PHSAM)	141
7.6	Verwendete Geräte	151
Anhang		155
Danksagung		161
Literatur		162

Inhalt

1 Einleitung und Zielsetzung

1.1 Einleitung

Polyelektrolytkomplexe entstehen spontan, entweder beim Mischen von Lösungen entgegengesetzt geladener Polyelektrolyte[1,2], oder beim Zusammengeben von amphipolaren niedermolekularen Tensiden und entgegengesetzt geladenen Polyelektrolyten[3,4,5,6]. Treibende Kräfte der Polyelektrolytkomplexbildung sind die starken attraktiven elektrostatischen Wechselwirkungen zwischen den entgegengesetzt geladenen Komponenten und der Entropiegewinn durch die Freisetzung einer großen Zahl an den niedermolekularen Gegenionen[7]. Für die Komplexbildung zwischen Polyelektrolyten und Tensiden spielen nicht nur die elektrostatischen Wechselwirkungen, sondern auch die hydrophoben Wechselwirkungen zwischen den unpolaren Alkylketten der Tenside eine entscheidende Rolle[8].

Die Bildung der Polyelektrolytkomplexe ist in der Regel von einem kinetischen Prozess dominiert und führt zu polydispersen Aggregaten. Die Größe und die Zusammensetzung der gebildeten Komplexe sind von verschiedenen Faktoren, wie den verwendeten Lösungsmitteln, dem PH-Wert der Komplexlösung, der gesamten Polymerkonzentration sowie dem Fremdsalzgehalt abhängig. Außerdem wird durch die Ladungsstöchiometrie maßgeblich beeinflusst, welche der beiden Komponenten bei der Komplexbildung im Überschuss vorliegt[9,10,11].

Die Komplexbildung aus negativ und positiv geladenen Polyelektrolyten wird von Tsuchida et al. mit drei verschiedenen Schritten beschrieben[12]. Der erste Schritt beschreibt die Bildung von primären Komplexen, die auf Basis der Coulomb-Wechselwirkungen direkt nach dem Mischen von entgegengesetzt geladenen Polyelektrolyten auftreten. Deren Primärkomplexeigenschaften, wie z. B. Molmasse, Molmassenverteilung und Trägheitsradius sind von dem Mischungsverhältnis unabhängig. Im zweiten Schritt werden die Sekundärkomplexe gebildet, die nach Überschreitung einer bestimmten Grenzkonzentration gebildeter Primärkomplexe erscheinen. Im letzten Schritt komplexieren die Primär- und Sekundärkomplexe zu Aggregaten. Diese werden hauptsächlich durch hydrophobe Wechselwirkungen induziert. Die so gebildeten Strukturen sind meistens unkontrollierbar und fallen schlussendlich aus der Lösung aus.

1 Einleitung und Zielsetzung

Die Anwendungen der Polyelektrolytkomplexe von DNA/RNA mit Polykationen oder Lipiden in der Gen-Therapie sind für die Wissenschaftler von besonderem Interesse, da sie als Träger für den Transport von genetischem Material in lebende Zellen fungieren können. Der Schwerpunkt der folgenden Arbeit ist es, verschiedene Lipofectamine zu synthetisieren, wobei ihre Eigenschaften in wässriger Lösung bei verschiedener Salzkonzentration im Vordergrund stehen, welche in Zukunft hinsichtlich ihrer Verwendung zur Präparation von wasserlöslichen Polyelektrolytkomplexen systematisch untersucht werden sollen.

Interessant ist auch die Komplexbildung aus Gadolinium und Polykationen, hier können die stabil gebildeten Aggregate als Kontrastmittel zur Anwendung in der Magnetresonanztomographie eingeführt werden. Die Verwendung von Polymeren zur Gadolinium-Komplexierung wird in der Literatur vereinzelt beschrieben. Hauptsächlich werden die niedermolekularen Liganden zur Herstellung der Komplexe untersucht. Gegenstand der aktuellen Forschung ist, ein neues Kontrastmittel durch Komplexierung von mehreren Gadolinium-Polyoxometalaten in Verknüpfung mit Makromolekülen herzustellen.

Weiterhin ist das Ziel dieser Untersuchung die Entwicklung eines effektiven Kontrastmittelsystems für MRT, welches aus dem strukturdefinierten Polymer und dem negativ geladenen Gadolinium-Polyoxometalat besteht und durch Komplexierung in wässriger Lösung stabilisiert ist. Dieses kationische Polymer verfügt über eine große Anzahl der positiven Ladungen auf seinen Seitenketten und ist damit in der Lage mehrere Gadolinium-Polyoxometalate an seinen Seitenketten zu tragen, um damit den Kontrast zu erhöhen. Die oben beschriebenen Polyelektrolytkomplexe zeigen einen neuartigen Aspekt für die Kontrastmittelherstellung im Vergleich zu den bisher am häufigsten verwendeten Gd-Chelatkomplexen.

Lipofectamine als Transfektionsreagenz

Lipofectamine kann man als kationische Lipid-Derivate normaler Tenside betrachten. Sie bestehen aus einer positiv geladenen Amino-Kopfgruppe, die über eine kovalente Bindung mit einer hydrophoben Einheit aufgebaut sind. Diese strukturelle Ähnlichkeit spiegelt sich auch in vergleichbaren Tensideigenschaften in wässriger Lösung wider, die sie dazu veranlasst in wässriger Lösung spontan supramolekulare Strukturen zu bilden. Die Mizelle ist ein wesentliches Beispiel für selbstorganisierte Lipidstrukturen.

Als weitere Eigenschaft ermöglichen die kationischen Lipide als amphiphile Verbindungen durch elektrostatische Wechselwirkungen spontan mit negativ geladenen Phosphorsäureresten der DNA zu komplexieren[13]. Bei den monovalenten kationischen Amin-Lipiden

1 Einleitung und Zielsetzung

handelt es sich hauptsächlich um quaternäre Ammoniumsalze mit einer aliphatischen Alkylkette. CTAB, ein Ammoniumsalz mit nur einer Kette, transfiziert zwar, aber es tritt eine deutliche Zytotoxizität aufgrund lytischer Eigenschaften auf[14]. Die erste erfolgreiche Verwendung kationischer Lipide wurde von Felgner 1987 für die Transfektion der nichtviralen Gentransfersysteme mit DOTMA beschrieben[15]. Dieses kam 1987 in Mischungen mit dem Helferlipid Dioleoylphosphatidylethanolamins (DOPE) als erstes kommerzielles Transfektionsreagenz auf den Markt (Lipofectin®).

Die generelle Erhöhung der Transfektionsrate konnte durch die Einführung der multivalenten Kopfgruppen der Lipopolyamine erzielt werden[16], wobei durch die Kopplung der dreifach bzw. vierfach kationischen Amine Spermin bzw. Spermidin, die mehrfach positiven Lipofectamine synthetisiert werden. Die systematische Entwicklung der kationischen Lipide wurde von Lee et al dargestellt[17] und führte zu verbesserten Eigenschaften bzw. gesteigerter Transfektionseffizienz[18,19,20,21]. Es wird eine Struktur-Wirkungsbeziehung durch systematische Variation von lipophiler Domäne, Länge der Brücke zwischen hydrophilem und hydrophobem Molekülteil sowie Anzahl und Art der Ladungsträger im Molekül aufgestellt. Als aliphatischer Rest werden Cholesterin, lange Alkyl- oder Acylketten von C12 – C18 verwendet.

Neben den Lipopolyaminen konnten auch polyvalente kationische Polyplexe für die Gentransfektion eingesetzt werden. Da diese mit einer hohen Dichte protonierbarer Aminogruppen der Seitenketten aufgebaut sind, eignen sie sich optimal für die Kondensation und Komplexierung von DNA. Die positiven Ladungen der Stickstoffe im Polyplex können mit den negativ geladenen Phosphatgruppen der DNA interagieren und somit zu Komplexen kondensiert werden[22,23,24]. Die Aggregate, welche mit Polymer-Überschuss gebildet werden, zeigen nach außen die positiven Ladungen[25,26,27] und können sich daher gut an die Zellmembran binden[28]. Damit besteht eine Möglichkeit der Entwicklung von nichtviralen Systemen mit hoher Transfektionseffizienz.

Gadolinium-Komplexe als MRT-Kontrastmittel
Die Magnetresonanztomographie (MRT) ist eine nicht-invasive Diagnostikmethode zur Betrachtung tiefliegender Gewebestrukturen[29]. Sie basiert auf der unterschiedlichen Protonendichte sowie den verschiedenen Relaxationszeiten der Gewebe im Körper und zeichnet sich durch die Kontrastwiedergabe zwischen verschiedenen Geweben aus[30]. Die Differenzen der Signalintensität können durch den Einsatz von Kontrastmitteln noch verstärkt werden[31,32]. Die Substanzen, die sich als Kontrastmittel eignen, müssen zur Beeinflussung der Relaxation von Protonen ungepaarte Elektronen aufweisen. Hierbei ist jedes dieser

ungepaarten Elektronen in einem separaten Elektronenorbital (Aufenthaltswahrscheinlichkeit des Elektrons) platziert. Alle diese ungepaarten Elektronen weisen im Magnetfeld einen parallelen Spin auf, wobei es sich zu einem Gesamt-Elektronenspin addiert[33]. Das zusätzlich entstehende magnetische Moment der ungepaarten Elektronen bewirkt ein Vergrößern der Relaxivitäten und führt damit zu einer Relaxationszeitverkürzung. Das Maß der Relaxivitäten beschreibt die Wirksamkeit eines Kontrastmittels und ist unabhängig von dessen Konzentration[34].

In Tabelle 1–1 ist deutlich zu erkennen, dass das Gd-Ion (Gd^{3+}) das höchste magnetische Moment besitzt und es durch seine paramagnetischen Eigenschaften aufgrund von sieben ungepaarten Elektronen sehr gut als Kontrastmittel geeignet ist. Die durch die Substanz selbst hervorgerufene Magnetisierung führt zu einer hohen Verstärkung des bereits bestehenden Magnetfeldes. Die Erhöhung des magnetischen Moments durch den ungepaarten Spin der Elektronen des Kontrastmittels und den Wasserstoffprotonen des jeweiligen Gewebes führt zu einem Signalanstieg in der MRT-Aufnahme.

Tabelle 1–1 Magnetisches Moment und Anzahl ungepaarter Elektronen von Metallionen

Metallionen	Anzahl ungepaarter Elektronen	Magnetisches Moment
Cu^{2+}	1	1,7 – 2,2
Ni^{2+}	2	2,8 -4,0
Cr^{3+}	3	3,8
Fe^{2+}	4	5,1 – 5,5
Mn^{2+}	5	5,9
Fe^{3+}	5	5,9
Cd^{3+}	7	8,0

Aufgrund seiner hohen Giftigkeit kann das Gadolinium als Kontrastmittel jedoch nicht in seiner freien Form angesetzt werden[35,36,37]. Um diese toxischen Effekte zu vermeiden, erfolgt die Anwendung des paramagnetischen Gadoliniumions in komplexierter Form. Durch Komplexierung verringert sich die Toxizität der Komponenten[38,39,40,41,42,43]. Zur ausreichenden Kontrastierung in der MRT ist die Applikation einer relativ hohen Dosis (0,1 mmol Gd-Komponente/kg Körpergewicht), das entspricht ungefähr 1 g Gd pro untersuchter Person (65 kg), erforderlich. Die Abbildung 1–1 zeigt die chemische Struktur der klinisch am häufigsten verwendeten Gd-Chelatkomplexe, die momentan als Kontrastmittel bei Untersuchungen in der MRT-Aufnahme dienen. Hierbei bildet das Gadolinium mit dem

Octadentaten Liganden zweifach negativ geladene Chelate und die 9te Koordinationsstelle bindet sich mit einem Wassermolekül.

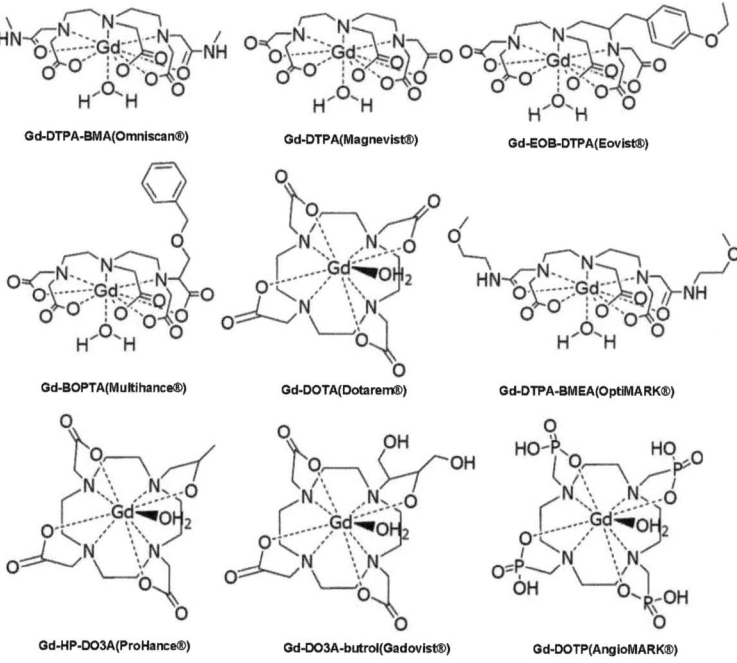

Abbildung 1–1: Chemische Struktur verschiedener Gd-Chelatkomplexe[44,45]

1.2 Zielsetzung

Gegenstand der vorliegenden Arbeit ist es zunächst, eine Reihe neuartiger, multivalenter, kationisch geladener Lipopolyamine sowie die polyvalenten kationischen Polyplexe zu synthetisieren, wobei ihre Eigenschaften in wässrige Lösung bei verschiedener Salzkonzentration im Vordergrund stehen.

In der Arbeit steht eine Fragestellung im Mittelpunkt: Die Interpolyelektrolyt-Komplex-Bildung aus polyvalentem kationischem Polymer mit dem anionischen Gadolinium-Polyoxometalat. Mittels statischer und dynamischer Lichtstreuung soll die zeitliche Stabilität der Komplexe in Lösung in Abhängigkeit vom Salzgehalt bzw. Ladungsverhältnis untersucht werden. Durch die gezielte Wahl der Komplexierungsbedingungen soll experimentell ein Rahmen gesetzt werden, innerhalb dessen die Topologie der gebildeten Komplexe und ihre Toxizität gegenüber verschiedenen Zellen sowie unter Kontrastmittelgabe durch MRT-Aufnahme in einem in vitro-System untersucht werden.

Aufbauend auf den Vorarbeiten, welche später im in vitro-Ansatz mit den Polyplexen des kationischen Polymers als Transfektionsreagenz verwendet werden können, soll die Komplexbildung mit dem Green Fluorescent Protein DNA in physiologischem Salzgehalt untersucht werden. Diese Komplexe werden durch Streumethoden und AFM-Aufnahme bezüglich Molmasse, Größe, Topologie sowie Stabilität der Komplexbildung in verschiedenen Ladungsverhältnissen bestimmt.

2 Theoretische Grundlagen

2.1 Lichtstreuung

Lichtstreuung ist die häufig angewandte Absolutmethode zur Bestimmung von Molmassen und Radien großer Moleküle. Prinzipiell lassen sich zwei verschiedene Messmethoden unterscheiden: Die statische Methode und die dynamische Methode. Das Wesentliche bei diesen beiden Verfahren ist es, dass an unterschiedlichen Winkelpositionen die Intensität bzw. die zeitliche Fluktuation der Intensität des gestreuten Lichtes detektiert wird. Mit Hilfe des statischen Lichtstreuexperiments kann man aus der Intensität das Gewichtsmittel der Molmasse M_w, der Teilchen sowie das z-Mittel des quadratischen Trägheitsradius ($<R_g^2>_z$) und den zweiten Virialkoeffizienten des osmotischen Druckes A_2 bestimmen. Beim dynamischen Lichtstreuexperiment wird aus der zeitlichen Fluktuation der Streuintensität das z-Mittel des Diffusionskoeffizienten D_z ermittelt und nach Anwendung der Stokes-Einstein-Gleichung das inverse z-Mittel des hydrodynamischen Radius ($<R_h^{-1}>_z^{-1}$) ausgewertet.

2.1.1 Statische Lichtstreuung

Wenn Licht auf Teilchen trifft, wird aufgrund der oszillierenden elektrischen Feldkomponente des Lichtes eine oszillierende Polarisation der Elektronen in den Molekülen induziert. Die Elektronen werden einer Kraft ausgesetzt und deswegen beschleunigt. Die klassische elektromagnetische Theorie sagt aus, dass Ladungen, die beschleunigt werden, eine elektromagnetische Welle in alle Raumrichtungen ausstrahlen. Die Moleküle werden also dadurch zu sekundären Lichtquellen: Sie streuen Licht. Die Intensität, die Winkelabhängigkeit und die Polarisation des gestreuten Lichtes sind von der Größe und Form der gestreuten Teilchen sowie von deren molekularen Wechselwirkung abhängig. Das gestreute Licht am Detektor setzt sich zu jeder Zeit aus der Summe (Überlagerung) der elektrischen Felder aller Ladungen im gesamten Streuvolumen (Schnitt des einfallenden und des streuenden Strahls) zusammen und ist von deren exakten Position abhängig.

Die grundlegende Theorie für die Streuung von sichtbarem Licht an verdünnten Gasen wurde von Lord Rayleigh mathematisch beschrieben[46], Smoluchowski und Einstein erweiterten die Gültigkeit dieser Gleichung auf Flüssigkeiten und Lösungen[47,48] (Fluktuationstheorie). Nach dieser Theorie tragen nur Volumenelemente zur Streuung bei, welche sich im Brechungsindex von dem der Umgebung unterscheiden. Auf Polymerlösungen wurde die Theorie schließlich von Debye übertragen[49]. Für die Teilchen mit Durchmessern kleiner als $\lambda/20$ gilt, dass sie nur ein Streuzentrum aufweisen. Von diesen Molekülen wird das einfallende Licht in alle Richtungen mit gleicher Intensität gestreut, somit erhält man folgende Beziehung:

$$R(\theta) = I(\theta) \frac{r^2}{I(0)V(\theta)} = \frac{2\pi^2(1 + cos^2\theta)}{\lambda_0^4 N_A} \left[\rho n_0^2 \left(\frac{dn}{d\rho}\right)^2 RT\beta + \left(n_0 \frac{dn}{dc}\right)^2 RT \frac{M_0}{\rho_0} \frac{c}{\left(-\frac{d\Delta\mu}{dc}\right)} \right] \quad \text{Gl. 2-1}$$

Mit $R(\theta)$: Rayleightverhältnis

θ: Winkel zwischen Primär- und Streustrahl

$I(\theta)$:   Intensität des unter dem Winkel θ gestreuten

$I(0)$:   Intensität des einfallenden Primärlichtes

$V(\theta)$: Streuvolumen

r: Abstand vom Detektor zum Streuvolumen

N_A: Avogadro-Zahl

λ_0:   Wellenlänge des eingestrahlten Lichts

ρ, ρ_0: Dichte der Lösung, des Lösungsmittels

n, n_0: Brechungsindex der Lösung, des Lösungsmittels

R: ideale Gaskonstante

T: absolute Temperatur in K

β: isotherme Kompressibilität

M_0:   Molekulargewicht des Lösungsmittels

c: Konzentration der gelösten Substanz

$\Delta\mu$:   Differenz der chemischen Potentiale von Lösung und Lösungsmittel

$\frac{dn}{d\rho}$: Brechungsindexinkrement (nach der Dichte)

$\frac{dn}{dc}$: Brechungsindexinkrement (nach der Konzentration)

Der erste Summand der Gl. 2-1 beschreibt den Einfluss der Dichtefluktuationen des Lösungsmittels, der zweite Summand den Anteil der Konzentrationsschwankungen in der Lösung. Der in verdünnten Lösungen von der Dichtefluktuation verursachte Streubeitrag ist sehr gering und kann dem des reinen Lösungsmittels gleichgesetzt werden, so dass aus der Differenz der Rayleigh-Verhältnisse $R(\theta)$ die sogenannte Exzess-Streuung resultiert, die nur von den Konzentrationsfluktuationen hervorgerufen wird. Die Gleichung vereinfacht sich damit zu:

$$R(\theta) = R(\theta)_{Lsg} - R(\theta)_{LM} = \frac{2\pi^2(1 + cos^2\theta)}{\lambda_0^4 N_A}\left[\left(n_0\frac{dn}{dc}\right)^2 RT\frac{M_0}{\rho_0}\frac{c}{\left(-\frac{d\Delta\mu}{dc}\right)}\right] \quad \text{Gl. 2-2}$$

Die absolute Bestimmung der Streuintensitäten kann man durch Kalibrierung der Lichtstreuanlage mit der absoluten Streuintensität eines bekannten Standards (Toluol) ermitteln. Damit erhält man das Rayleighverhältnis nach Gl. 2–3:

$$R(\theta) = \frac{I(\theta)_{Lsg} - I(\theta)_{LM}}{I(\theta)_{Standard}}I(\theta)_{absolut,Standard} \quad \text{Gl. 2-3}$$

Die konzentrationsabhängige Änderung des chemischen Potentials kann nach folgendem Zusammenhang mit der Änderung des osmotischen Drucks π dargestellt werden (Gl. 2–4).

$$-\frac{d\Delta\mu}{dc} = \frac{M_0}{\rho_0}\left(\frac{d\pi}{dc}\right) \quad \text{Gl. 2-4}$$

Um die Konzentrationsabhängigkeit des Streuverhaltens nicht-idealer Lösungen zu berücksichtigen, wird der osmotische Druck in einer Virialreihe entwickelt. Damit ergibt sich für die partielle Ableitung nach der Konzentration

$$\left(\frac{d\pi}{dc}\right)_T = RT\left(\frac{1}{M} + 2A_2c + \cdots\right) \quad \text{Gl. 2-5}$$

mit A_2, zweiter Virialkoeffizient des osmotischen Drucks.

Durch Einsetzen von Gl. 2–5 und Gl. 2–4 in Gl. 2–3 ergibt sich die allgemeine Lichtstreugleichung (Gl. 2–6) für kleine Teilchen, deren Durchmesser kleiner als $\lambda/20$ ist:

$$\frac{Kc}{R(\theta)} = \frac{1}{M} + 2A_2c + \cdots \quad \text{Gl. 2-6}$$

mit $K = \frac{2\pi^2 n_0^2(1+cos^2\theta)}{\lambda_0^4 N_A}\left(\frac{dn}{dc}\right)^2$

Der zweite osmotische Virialkoeffizient A_2 beschreibt die Wechselwirkungen zwischen den Lösungsmitteln und deren gelösten Molekülen und kann als Maß für die Lösungsmittelqualität herangezogen werden. Gute Lösungsmittel zeigen ein positives A_2, sodass die Wechselwirkungen zwischen Polymer und Lösungsmittel als bevorzugt anzusehen sind. Im Gegensatz dazu weist ein negatives A_2 auf schlechte Lösungsmittelqualität hin. Für den sogenannten pseudo-idealen-Zustand beträgt der zweite osmotische Virialkoeffizient A_2 gleich Null. Die entsprechende Temperatur heißt Thetatemperatur, das Lösungsmittel wird als Thetalösungsmittel bezeichnet. Bei derartigen Lösungen kompensiert sich bei einer bestimmten Temperatur (der Theta-Temperatur) gerade die Mischungsenthalpie und der Beitrag $T\Delta S_{exc}$ der Exzess-Mischungsentropie[50].

Wie schon erwähnt, gelten die oben abgeleiteten Gleichungen nur für kleine punktförmige Teilchen, da im betrachteten System keine interpartikulären Wechselwirkungen und nur ein Streuzentrum pro Teilchen vorliegen. Größere Teilchen, deren Durchmesser größer als $\lambda/20$ ist, verhalten sich nicht mehr wie ein Punktstreuer, sondern es treten mehrere Streuzentren je Molekül auf. In diesem Fall kommt es zu intrapartikulären Interferenzen zwischen den verschiedenen Streuzentren eines Teilchens (Überlagerung von elektromagnetischen Wellen innerhalb eines Teilchens). Um die durch intrapartikuläre Interferenzen verursachte Winkelabhängigkeit der beobachteten Streuintensität korrigieren zu können, muss sie hierbei durch die Einführung eines Teilchenformfaktors P(q) in Betracht gezogen werden. Dieser wird nach Debye durch das Verhältnis der gemessenen Intensität zur der Streuintensität unter dem Winkel 0° (Gl. 2–7) beschrieben[51].

$$P(\theta) = \frac{I(\theta)}{I(\theta = 0)} \qquad \text{Gl. 2-7}$$

Die Winkel- und Konzentrationsabhängigkeit der Streuintensität kann durch die folgende Formel angegeben werden:

$$R(\theta) = K \cdot c \cdot M \cdot P(q) \qquad \text{Gl. 2-8}$$

Für stark verdünnte Lösungen kann die intermolekulare Interferenz vernachlässigt und nur die Interferenz intrapartikulärer Streuzentren berücksichtigt werden. Danach lässt sich der Formfaktor P mit q-Abhängigkeit für isotrope Teilchen wie folgt ausdrücken:

$$P(q) = \frac{1}{N^2} \sum_{i=1}^{N} \sum_{j=1}^{N} \left\langle \frac{\sin(q r_{ij})}{q r_{ij}} \right\rangle_r \qquad \text{Gl. 2-9}$$

mit N der Anzahl der Streuzentren pro Molekül mit einem Abstandsvektor $|\vec{r_{ij}}|$ zwischen zwei Streuzentren i und j. Der Betrag des Streuvektors q berechnet sich aus der Differenz der Wellenvektoren des gestreuten Lichts und des Primärlichts.

$$q = \frac{4\pi n_{LM}}{\lambda_0} \sin\left(\frac{\theta}{2}\right) \qquad \text{Gl. 2-10}$$

Für kleine Abstände $qr_{ij} \ll 1$ kann der Formfaktor mathematisch in einer Taylor-Reihe um $q = 0$ nach der folgenden Gleichung beschrieben werden und ein Abbruch nach dem zweiten Glied erfolgen.

$$P(q) = 1 - \frac{q^2}{3!\,N^2} \sum_{i=1}^{N} \sum_{j=1}^{N} \langle r_{ij}^2 \rangle_r \qquad \text{Gl. 2–11}$$

wobei der quadratische Trägheitsradius als der mittlere Abstand der Streuzentren i und j vom Schwerpunkt der Molekülsegmente durch folgende Gleichung definiert wird:

$$\langle R_g^2 \rangle_z = \frac{1}{N} \sum_{i}^{N} \langle r_i^2 \rangle = \frac{1}{2N^2} \sum_{i=1}^{N} \sum_{j=1}^{N} \langle r_{ij}^2 \rangle \qquad \text{Gl. 2–12}$$

Durch Einsetzen von Gl. 2–12 und Gl. 2–10 in Gl. 2–11 ergibt sich $P(q)$:

$$P(q) = 1 - \frac{1}{3} \langle R_g^2 \rangle q^2 \qquad \text{Gl. 2–13}$$

mit dem z-Mittelwert $\langle R_g^2 \rangle_z = \frac{\sum m_i M_i (R_g^2)_i}{\sum m_i M_i}$

Hierbei gilt der Massenanteil m_i der Teilchensorte i und die Molmasse M_i der Teilchensorte i.

Durch Einsetzen des Ausdrucks für $P(q)$ in Gl. 2–8 und Verwenden der Näherung $\frac{1}{1-x} \cong$ 1+x ergibt sich schließlich die Zimm-Gleichung für polydisperse Systeme[52]:

$$\frac{Kc}{R(\theta)} = \frac{1}{M_w} \left(1 + \frac{1}{3} \langle R_g^2 \rangle_z q^2 \right) + 2A_2 c + \cdots \qquad \text{Gl. 2–14}$$

Mit Hilfe dieser Beziehung können durch doppelte Extrapolation für $c \rightarrow 0$ und $q \rightarrow 0$ das z-Mittel des Trägheitsradius $\langle R_g^2 \rangle_z$ und das Gewichtsmittel M_w der Molmasse sowie des zweiten Virialkoeffizienten A_2 des osmotischen Drucks ermittelt werden.

Diese Herleitung wurde ohne Berücksichtigung der intermolekularen Interferenz gemacht und es ist zu beachten, dass die Gl. 2–14 nur für stark verdünnte Systeme Gültigkeit besitzt. Außerdem kommt es für das Teilchen mit größeren Moleküldimensionen (ab ca. 50 - 70 nm) zu konvexen Abweichungen vom Verlauf, wobei sich mit steigendem Winkel eine zunehmende Abweichung beobachten lässt. Die Auswertungen erfolgen dann vergleichend nach Berry oder Guinier[53].

2.1.2 Dynamische Lichtstreuung

In der dynamischen Lichtstreuung beobachtet man die zeitliche Fluktuation der Streuintensität bei gegebenem Winkel, die durch die Brownsche Molekularbewegung der Teilchen im Streuvolumen hervorgerufen wird. Die Moleküle bewegen sich mit unterschiedlichen Geschwindigkeiten in alle Raumrichtungen entgegen der Detektorposition und somit erhält man durch den „Dopplereffekt" eine Frequenzverschiebung. Das Phänomen der „Doppler-Verschiebung" führt zu einem Frequenzspektrum, welches durch die Raum-Zeit-Korrelations-Funktion über die Fourier-Transformation $F_s(q,\tau)$ mit der zeitlichen Feld-Autokorrelations-funktion $g_1(q,\tau)$ verknüpft ist.

$$F_s(q,\tau) = \int g_1(q,\tau) \exp(iqr)\, dr \qquad \text{Gl. 2-15}$$

Bei der dynamischen Lichtstreuung wird die Zeitabhängigkeit der fluktuierenden Streuintensität *I(t)* innerhalb eines sehr kleinen Zeitabstands Δt detektiert und zur Berechnung der Autokorrelationsfunktion verwendet. Experimentell erhält man diese durch Korrelation der gemessenen Streuintensitäten zu verschiedenen Beobachtungszeitpunkten einer Messreihe. Die normierte Intensitäts-Zeit-Korrelationsfunktion $g_2(q,\tau)$ kann wie folgt gebildet werden.

$$g_2(q,\tau) = \frac{\langle I(q,t)I(q,t+\tau)\rangle}{\langle I(q,t)\rangle^2} \qquad \text{Gl. 2-16}$$

mit $I(q,t)$: Streuintensität zum Zeitpunkt t,

$I(q,t+\tau)$: Streuintensität zu einem bestimmten Verzögerungszeitpunkt $t+\tau$, sodass die Intensität-Korrelationsfunktion von $\langle \overline{I^2}\rangle$ nach $\langle I\rangle^2$ abfällt.

Für die Auswertung der DLS wird jedoch die normierte Feld-Zeit-Korrelationsfunktion $g_1(q,\tau)$ benötigt. Mit Hilfe der Siegert-Relation kann der Zusammenhang zwischen der zeitlichen Feld-Autokorrelationsfunktion $g_1(q,\tau)$ und der zeitlichen Intensitäts-Korrelationsfunktion $g_2(q,\tau)$ gegeben und als Quotient aus dynamischen und statischen Strukturfaktoren beschrieben werden[54].

$$g_1(q,\tau) \equiv \frac{S(q,\tau)}{S(q)} = \sqrt{\frac{g_2(q,\tau)-A}{A}} \qquad \text{Gl. 2-17}$$

mit $S(q,\tau)$: dynamischer Strukturfaktor

$S(q)$: statischer Strukturfaktor

A: experimentell bestimmte Basislinie

Wenn die untersuchten Teilchen monodispers sind, hat $g_1(q,\tau)$ die Form einer einfachen Exponentialfunktion:

$$g_1(q,\tau) = B \cdot \exp(-D \cdot q^2 \cdot \tau) \qquad \text{Gl. 2-18}$$

mit B: dem Signal-Rausch-Verhältnis

D: translatorischer Diffusionskoeffizient

Für kleine polydisperse Teilchen wird $g_1(q,\tau)$ durch eine Summe der Exponentialfunktionen der einzelnen Komponenten beschrieben.

$$g_1(q,\tau) = B \cdot \frac{\sum m_i M_i \exp(-D_i \cdot q^2 \cdot \tau)}{\sum m_i M_i} \qquad \text{Gl. 2–}$$

M_i: die Molmasse der Teilchensorte i

Für große polydisperse Teilchen muss der Formfaktor $P(q)$ berücksichtigt werden und man erhält:

$$g_1(q,\tau) = B \cdot \frac{\sum m_i M_i P_i(q) \exp(-D_i \cdot q^2 \cdot \tau)}{\sum m_i M_i P_i(q)} \qquad \text{Gl. 2–20}$$

Den z-mittleren Diffusionskoeffizienten D_z kann man aus der Anfangssteigung durch eine logarithmische Auftragung von $g_1(q,\tau)$ gegen q^2 Auftragung von $q^2 \to 0$ ermitteln.

$$D_z = \lim_{q \to 0} D_{App}(q) \qquad \text{Gl. 2–21}$$

mit:

$$\left[\frac{d \ln g_1(q,t)}{dt}\right]_{t \to 0} = q^2 \frac{\sum m_i M_i P_i(q) D_i}{\sum m_i M_i P_i(q)} = q^2 D_{App}$$

Der apparente Diffusionskoeffizient D_{App} ist sowohl vom Winkel als auch von der Konzentration abhängig. Die Einflüsse der Konzentration und des Streuvektors auf den apparenten Diffusionskoeffizienten wird durch eine Taylor-Reihen-Entwicklung beschrieben.

$$D_{App}(q,c) = D_z \left(1 + C \langle R_g^2 \rangle_z q^2 \cdots \right)\left(1 + k_d c + \cdots \right) \qquad \text{Gl. 2–22}$$

mit C: dimensionslose Größe, von der Molekülstruktur abhängig

k_d: $k_d = 2A_2 - k_f - v_p$

k_f: $f = f_0(1 + k_f + \cdots)$

f: Reibungskoeffizient

v_p: partielles Molvolumen des Polymers

Durch gleichzeitige Extrapolation auf unendliche Verdünnung sowie $q = 0$ kann das z-Mittel des Selbstdiffusionskoeffizienten D_z des freien Teilchens ermittelt werden. Anschließend wird mit Hilfe der Stokes-Einstein-Gleichung der kugeläquivalente hydrodynamische Radius R_h der Teilchen berechnet.

$$R_h = \frac{k_B T}{6\pi \cdot \eta_0 D_z}$$ Gl. 2–23

mit k_B: Boltzmann-Konstante

η_0: Viskosität des Lösungsmittels

2.2 Röntgen-Photoelektronenspektroskopie (XPS)

Funktionsprinzip

Die Röntgenphotoelektronenspektroskopie beruht auf der Emission von Photoelektronen aus der zu untersuchenden Probe, welche mit Röntgenstrahlung der Energie $h\nu$ bestrahlt wird[55]. Dadurch werden kernnahe Elektronen mit der Bindungsenergie E_B freigesetzt, wenn die Energie der Röntgenstrahlung größer ist als die Bindungsenergie. Die emittierten Elektronen besitzen nach der Einstein'schen Formel die kinetische Energie E_{kin}. Diese wird in erster Näherung durch die Differenz der Bestrahlungsenergie mit der Bindungsenergie der Elektronen beschrieben[56].

$$E_{kin} = h\nu - E_B$$ Gl. 2–24

Die kinetische Energie der freigesetzten Photoelektronen wird mit Hilfe eines Analysators detektiert. Die Bindungsenergien der Elektronen sind elementcharakteristisch. Damit lässt sich der Elementnachweis immer eindeutig führen. Bei koinzidierenden Linien verschiedener Elemente können in der Regel genügend andere, nicht überlagernde Photoelektronenlinien ausgewertet werden.

Chemische Verschiebung

Die Bindungsenergie ist sowohl von der Art des Atoms, wie auch von dem Bindungszustand und der Valenzzahl sowie der Art der umgebenden Liganden abhängig. Elektronegative Elemente verringern die Elektronendichte am Zentralatom und erhöhen somit seine effektive Kernladung. Dies hat zur Folge, dass es zu einer stärkeren Anziehung der kernnahen Elektronen und somit zu einer höheren Bindungsenergie E_B führt. Die elektropositive Nachbaratome weisen dagegen eine Erniedrigung der effektiven Kernladung auf wodurch die Verschiebung in Richtung niedrigerer Bindungsenergie hervorgerufen wird. Die Abhängigkeit der Energieposition eines XPS-Signals von der Umgebung des Atoms führt im Spektrum zu einer chemischen Verschiebung, die typischerweise einige eV und in wenigen Fällen bis zu 10 eV variiert, je nach Größe der effektiven Kernladung[57,58]. Da die Bindungsenergie E_B elementspezifisch ist und zusätzlich auch vom Valenzzustand des Atoms abhängt, kann man durch den Vergleich der Spektren mit literaturbekannten Substanzen sowohl qualitative Informationen über die Elemente in der Probe, als auch über deren Bindungszustand innerhalb des Molekülverbundes erhalten[59].

Signalaufspaltung
Im XP-Spektrum tritt das Signal manchmal nicht nur als ein einzelnes Singulett auf, sondern ist auch als eine Signalaufspaltung zu bemerken. Die Aufspaltung des Signals wird auf Spin-Bahn-Kopplung oder Spin-Spin-Kopplung zurückgeführt.

Als Spin-Bahn-Kopplung bezeichnet man die magnetische Wechselwirkung zwischen dem magnetischen Spin-Moment *eines* Elektrons und dem magnetischen Bahn-Moment seines eigenen Orbitals. Da der Elektronenspin sowohl parallel ($s = 1/2$) als auch antiparallel ($s = -1/2$) zur Richtung des Bahndrehimpulses (l) ausgerichtet sein kann, erzeugt er somit zwei unterschiedliche Energiezustände. Durch die Röntgenstrahlung treten zwei verschiedene kinetische Energien auf und es kommt zu einer Dublette-Aufspaltung des XPS-Signals. Das Intensitätsverhältnis der aufgespaltenen beiden Signale wird durch die Gesamtdrehimpulsquantenzahl j zu (2j+1) bestimmt[60]. Die Energiedifferenz ΔE zwischen den Dublette-Signalen ist proportional zur Spin-Bahn-Kopplungskonstanten und kann, je nach betrachtetem Element und Orbital in einem Bereich von wenigen Zehntel bis einigen Elektronenvolt liegen[61].

Die Spin-Spin-Kopplung ist die Wechselwirkung zwischen einem ungepaarten Elektron aus einem Valenzorbital und einem ungepaarten Rumpfelektron, das durch die Photoelektronemission entstanden ist. Dieser Effekt tritt nur in paramagnetischen Materialien auf. Hier soll dies beispielhaft an einem Mn^{2+}-Ion näher erläutert werden. Das Mn^{2+}-Ion besetzt 5 ungepaarte 3*d* Elektronen in der Valenzschale, die Photoemission eines Elektrons aus dem 3*s* Niveau wird mit den vorgelegten weiteren ungepaarten Elektronen parallel oder antiparallel zum Gesamtspin der Valenzelektronen im 3*d*-Valenzorbital ausgerichtet. Aus beiden Möglichkeiten der Spinausrichtung resultieren zwei unterschiedliche Energiezustände, die sich direkt auf die kinetische Energie des emittierten Photoelektrons auswirken, wobei durch die Signalaufspaltung des Mn3*s* Rumpfniveaus ein Doublett hervorgerufen wird. Für das Mn^{2+}-Ion mit einem 3*p*-Rumpfniveau ist bei der Photoemission eines Elektrons sowohl die Spin-Spin-Kopplung als auch die Spin-Bahn-Kopplung zu berücksichtigen. Hierbei kommt es zu insgesamt 4 Signalen in diesem XPS-Spektrum, wobei ein Dublett ($p_{3/2}$; $p_{1/2}$) mit dem Intensitätsverhältnis von 1:2 für die Spin-Bahn-Kopplung detektiert wurde. Eine Spin-Spin-Kopplung, welche vor allem aus einer größeren Anzahl möglicher Gesamtspinzustände resultiert, lässt eine Multiplett-Aufspaltung für die Photoemission bei *p*- und *d*-Zustand beobachten[62,63,64].

2.3 Magnetresonanztomographie

Die Magnetresonanztomographie (MRT), oft auch als Kernspintomographie bezeichnet, beruht auf dem Prinzip der magnetischen Kernresonanz[65]. Die Untersuchungstechnik basiert auf der Nutzung von Magnetfeldern. Durch Veränderung des magnetischen Moments des Protonenspins durch einen Hochfrequenzimpuls (HF-Impuls) wird ein messbares elektromagnetisches Signal erzeugt, aus dem dann die MR-Bilder aufgenommen werden. Im Folgenden sollen daher nur die für das Verständnis der Arbeit notwendigen Begriffe kurz erklärt werden sowie ein kurzer Einblick in die der Magnetresonanztomographie zugrunde liegenden physikalischen Prinzipien gegeben werden.

Wenn kein Magnetfeld vorhanden ist, rotieren die Protonenspins um ihre eigene Achse in beliebiger Richtung. Im Magnetfeld (B_0) werden alle einzelnen Protonenspins entweder parallel oder antiparallel zur Richtung des Magnetfeldes ausgerichtet, was im Gleichgewicht eine Magnetisierung in Richtung des Magnetfeldes erzeugt, dies wird als Longitudinalmagnetisierung M_Z oder Paramagnetismus definiert[66]. Durch die Einstrahlung eines elektromagnetischen Impulses wird der Magnetisierungsvektor in z-Richtung zur xy-Ebene eingelenkt. Dieser Vorgang wird als Kernspinresonanzanregung bezeichnet. Nach Abschalten der Hochfrequenz treten prinzipiell zwei unterschiedliche Relaxationsprozesse der Spin-Gitter-Relaxation bzw. der Spin-Spin-Relaxation auf[67].

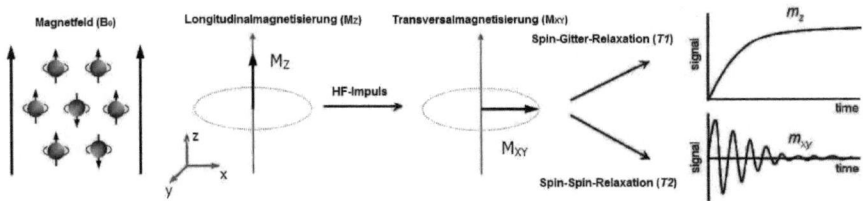

Abbildung 2–1: Schematische Darstellung des physikalischen Prinzips von MRT[33]

Zwei voneinander unabhängige Prozesse bewirken nun, dass nach Beendigung der Hochfrequenzeinstrahlung die bei der Anregung aufgenommene Energie abgegeben wird und das Gesamtsystem wieder in den Gleichgewichtszustand zurückkehrt. Der Zeitverlauf wird „Relaxationszeit" genannt. Bei der Spin-Gitter-Relaxation wird die durch die Einstrahlung aufgenommene Energie an ihre Umgebung (Lösungsmittel, Medium) abgegeben und entsprechend wird die in der XY-Ebene verbleibende transversale Magnetisierung langsam abgenommen, wobei das MR-Signal immer kleiner wird. Der Zeitabstand bis zur Rückkehr des Kernspinvektors aus der transversalen x-y-Ebene, parallel zum äußeren Magnetfeld (z-Richtung), wird durch die T1-Relaxationsszeit beschrieben, wobei die Dauer bis die

Longitudinalmagnetisierung $M_z(t)$ um 63% ihres Gleichgewichtzustands M_0 vor der Resonanzanregung zu erreichen ist.

Die Zeitkonstante dieses Vorgangs, in Abhängigkeit von der Stärke des äußeren Magnetfeldes B0 sowie der inneren Bewegung der Moleküle, liegt für Gewebe (bei 1,5 T) in der Größenordnung von einer halben bis zu mehreren Sekunden.

Spin-Gitter-Relaxation

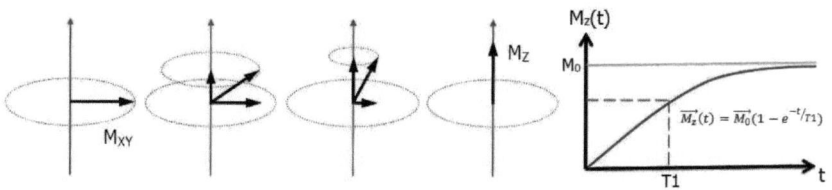

Abbildung 2–2: Schematische Darstellung des T1-Relaxationsmechanismus[33]

Die Spin-Spin-Relaxation wird auch als transversale Relaxation oder Querrelaxation bezeichnet. Die T2-Relaxationszeit beschreibt die Dephasierung der Spins über die Zeit nach dem Abschalten der Hochfrequenz und führt somit zu einem Verlust der transversalen Magnetisierung M_{xy}, d.h. die nach der Resonanzanregung in der xy-Ebene mit gleicher Richtung vorgelegten Spins verlieren nach Beendigung der Hochfrequenzeinstrahlung ihre konstante Orientierung und treten nach einiger Zeit gleichmäßig in allen Richtungen der xy-Ebene auf. Die Abnahme des transversalen magnetischen Moments (M_{xy}) wird nicht, wie die Zunahme der Longitudinalmagnetisierung (M_z), auf einen Energieverlust der Spins an ihre Umgebung zurückgeführt, sondern durch eine Interaktion der einzelnen Spins untereinander hervorgerufen. M_{xy} sinkt sehr viel schneller als die Zunahme von M_z, da der Gesamtmagnetisierungsvektor nicht mehr einfach aus der Summe der Vektoren der einzelnen magnetischen Momente resultiert. Die Spin-Spin-Relaxationszeit T2 wird erreicht nach der Magnetisierung in der xy-Ebene bei 37% der Ausgangsmagnetisierung M_0.

Spin-Spin-Relaxation

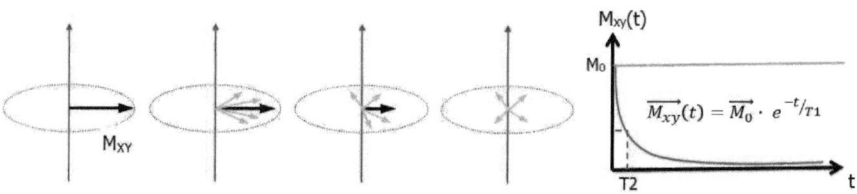

Abbildung 2–3: Schematische Darstellung des T2-Relaxationsmechanismus[33]

3 Synthese und Charakterisierung eines polyvalenten kationischen sperminanalogen Polymers

Polyelektrolyte sind Polymere, die in ihren Wiederholungseinheiten kovalent gebundene anionische oder kationische Gruppen tragen. Niedermolekulare Gegenionen sorgen für eine Ladungsneutralität. In der vorliegenden Arbeit wird ein kationisches bürstenförmiges Polyelektrolytpolymer verwendet, was die Komplexierung mit DNA und Gadolinium-Polyoxometalat in wässriger Lösung durch AFM, TEM, statische und dynamische Lichtstreuung für das DNA-Transfektionsexperiment sowie die Magnetresonanztomographie interessant macht. Die Auswahl dieses Polymers unterliegt bestimmten Voraussetzungen: Es soll ein Polyelektrolyt verwendet werden, welcher sowohl bezüglich Molmasse, Größe, Polydispersität und Anzahl der Ladungen pro Molekül als auch seiner chemischen Struktur des Ladungsträgers wohl definiert und charakterisiert ist. Alle diese aufgeführten Parameter können die Komplexbildung beeinflussen.

In diesem Kapitel wird die Synthese des polyvalenten kationischen Polymers (Abbildung 3–1) mit Seitenketten aus N-Alkylspermin–Acrylamid beschrieben und die Struktur in wässriger Lösung charakterisiert. Dies soll über die Herstellung des Polymers mittels kontrolliert radikalischer Polymerisation erfolgen (näheres dazu in Abschnitt 3.1.3). Anschließend wird auf die konzentrationsabhängigen Lösungseigenschaften dieses Polymers näher eingegangen. Die Ergebnisse der statischen und dynamischen Lichtstreuungsmessungen zum Einfluss von Fremdsalz in variablen Konzentrationen werden daran anschließend diskutiert.

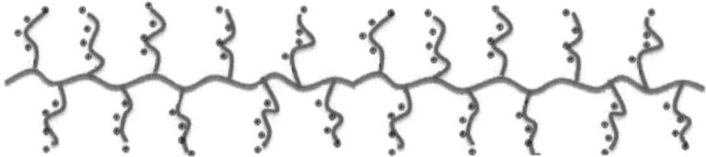

Abbildung 3–1: Schematische Darstellung des Kationischen Poymers

3 Synthese und Charakterisierung eines polyvalenten kationischen sperminanalogen Polymers

3.1 Synthese des Polykationischen Poly-Hexylspermin-acrylamids (PHSAM)

Die Synthese von polyvalentem kationischem Polymer mit Seitenketten aus N-Alkylspermin-Acrylamid ist Gegenstand dieses Abschnitts. Um das in Abbildung 3–1 dargestellte kationische bürstenförmige Polymer herzustellen, wurde in dieser Arbeit die RAFT-Polymerisation-Methode gewählt.

3.1.1 Synthese des Monomers

Die Struktur des Sperminfunktionellen Monomers setzt sich aus drei überstrukturellen Fragmenten (Abbildung 3–2) zusammen: 1 Polymerisierbare Acrylamidgruppe, 2 Alkyl-Spacer, 3 Polykationische Amineinheit des Spermins. Die gewünschten Moleküle werden in mehrstufiger Synthese, ausgehend von 6-Aminohexanol E2 und Spermin E3, hergestellt. Somit muss jedes Fragment reaktive Gruppen entsprechender Funktionalität enthalten. Die Bisfunktionalität von 2 sowie die Poly- bzw. tetrafunktionalität von 3 macht den Einsatz von Schutzgruppenchemie erforderlich, so dass als Edukte die Verbindungen E1 (Acryloylchlorid), E2 und E3 eingesetzt werden können. 1 und 2 werden über eine klassische Amid-Synthese nach der Schotten-Bauman-Reaktion verknüpft. Die Anbindung von 2 an 3 erfolgt über nuklophile aliphatische Substitution.

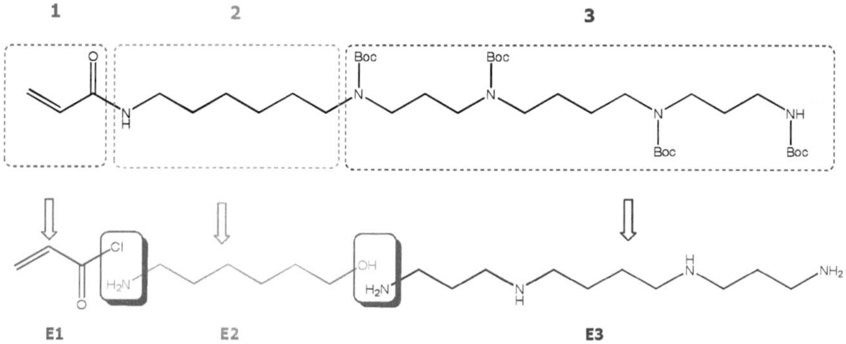

Abbildung 3–2: Schematische Darstellung des Monomers

Die Herstellung des monofunktionalisierten Aminohexanols erfolgt nach dem Reaktionsschema in Abbildung 3–3. Alternativ können Phtalimid und Benzyloxycarbonyl als geeignete Schutzgruppen für das N-terminale Ende gewählt werden[152,153,154,155], da diese Schutzgruppen stabil gegen Tosylierung und Aldehydelierung sind und bei der weiteren Funktionalisierung nicht angegriffen werden. Zur Aktivierung der jeweils freien Hydroxygruppen

3 Synthese und Charakterisierung eines polyvalenten kationischen sperminanalogen Polymers

wurden zwei verschiedene Methoden verwendet, zum einen durch Umsetzung des *p*-Toluolsulfonsäurechlorids zum Tosylat und zum anderen durch Umsetzung des Oxalychlorids zum Aldehyd. Die Reinheit der hergestellten Produkte wird nach Säulenchromatographie durch die Aufnahme eines ^{1}H-NMR-Spektrums sowie eines Massenspektrums charakterisiert.

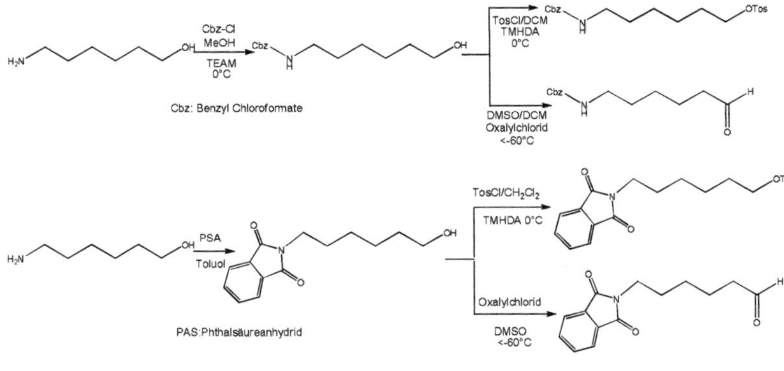

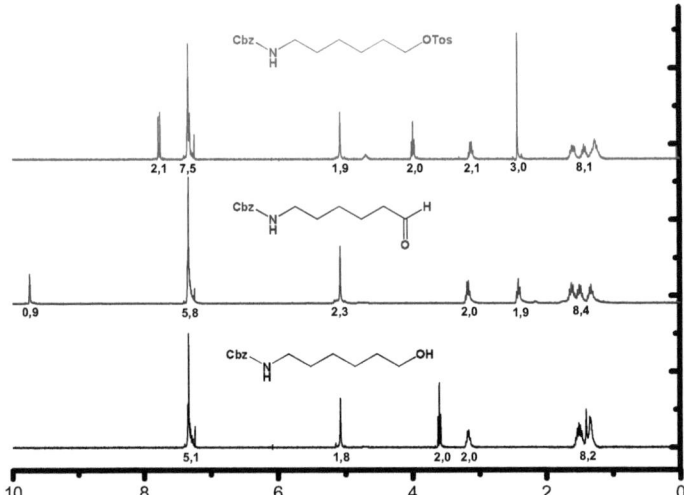

Abbildung 3–3: Reaktionsschema zur Herstellung des monofunktionellen Aminohexanols

Das ^{1}H-NMR-Spektrum von Cbz-geschütztem Aminohexantosylat und Aminohexanal sind im Vergleich zu dem Cbz-Aminohexanol in der Abbildung 3–4 aufgetragen.

Abbildung 3–4: ^{1}H-NMR von Cbz-Aminohexanol; Cbz-Aminohexantosylat und Cbz-Aminohexanal

Man erkennt deutlich das aromatische Multiplett des Benzolrings im Bereich von 7,2 ppm bis 7,4 ppm und das charakteristische Singulett der benzylischen Methylgruppe in 5,1 ppm. Das Aldehydproton wurde im ^{1}H-NMR-Spektrum durch ein Singulett bei einer chemischen Verschiebung von 9,74 ppm detektiert. Das Tosylat zeigt die erwarteten charakteristischen Signale, insbesondere die benzylische Methylgruppe des Tosylats bei 2,4 ppm (Singulett).

Die Abbildung 3–5 zeigt den Vergleich der ^{1}H-NMR-Spektren für Phthalimido-Hexanol, Phthalimido-Hexantosylat und Phthalimido-Hexanal. Das Spektrum zeigt eindeutig das Multiplett der Phtalimidprotonen bei einer chemischen Verschiebung zwischen 7,6 ppm und 7,9 ppm. Die erwarteten charakteristischen Signale der Tosylatprotonen sowie des Aldehydprotons erscheinen im ähnlichen Bereich wie in Abbildung 3–4 dargestellt.

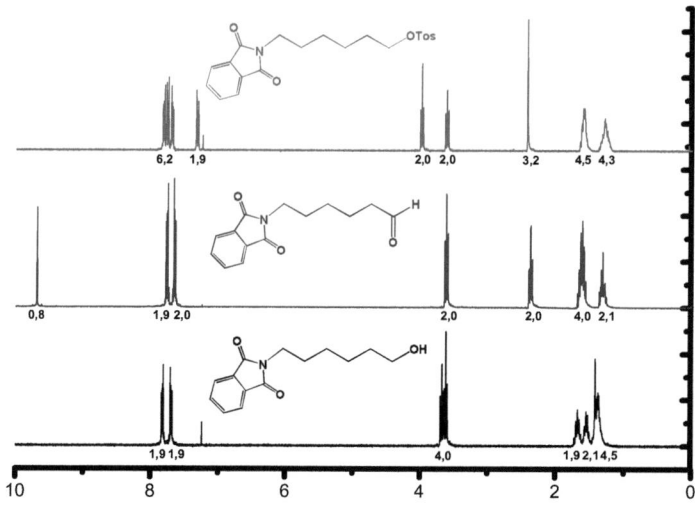

Abbildung 3–5: ^{1}H-NMR von Phthalimido-Hexanol; Phthalimido-Hexantosylat und Phthalimido-Hexanal

Das Spermin-Fragment wurde in einer dreistufigen Synthese nach einer Vorschrift von A. J. Geall et. al. hergestellt (Abbildung 3–6)[143]. Auf die chromatographische Aufreinigung des TFA-monogeschützten Sperminderivat wurde aufgrund der sehr hohen Polarität verzichtet. Das TFA-monogeschützte Sperminderivat konnte im zweiten Schritt nach Einführung der Boc-Schutzgruppen an den freien Aminostellen durch Säulenchromatographie von verschiedenen Nebenprodukten befreit werden. Die selektive Abspaltung der TFA-Gruppe erfolgt durch basische Bedingung in Ammoniak/Methanol-Lösung bei pH~12.

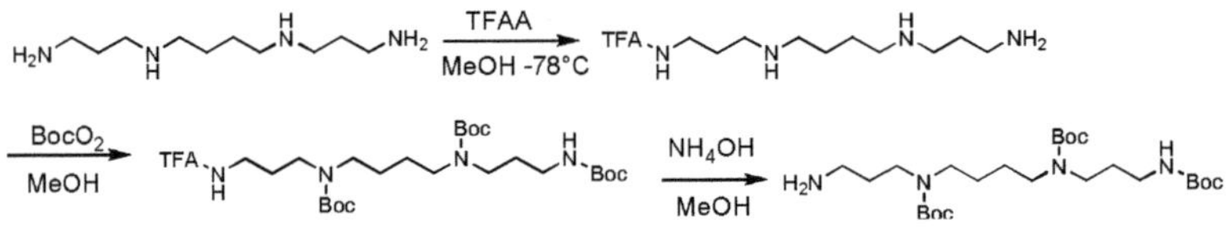

3 Synthese und Charakterisierung eines polyvalenten kationischen sperminanalogen Polymers

Abbildung 3–6: Reaktionsschema zur Herstellung von Tri-Boc-Spermin

Die erfolgreiche Abspaltung der TFA-Schutzgruppe wurde ebenfalls durch ¹H-NMR-Spektroskopie nachgewiesen. In Abbildung 3–7 sind die Protonen der tert-Butyl-Gruppe des Boc-Restes bei 1,42 ppm als schmales Singulett sehr gut nachzuweisen. Außerdem sind die typischen Protonen-Signale im Bereich von 2,66 ppm als Triplett detektiert, was für Protonen in β-Stellung zur primären Aminogruppe spricht. Die Reinheit dieser Verbindung wurde zusätzlich durch Massenspektoskopie überprüft. Dabei sind nur sehr geringe Anteile an Verunreinigungen zu erkennen, was die erfolgreiche Aufreinigung mittels Flashchromatographie belegt. Das Produkt konnte ohne weitere Reinigung im nächsten Schritt eingesetzt werden.

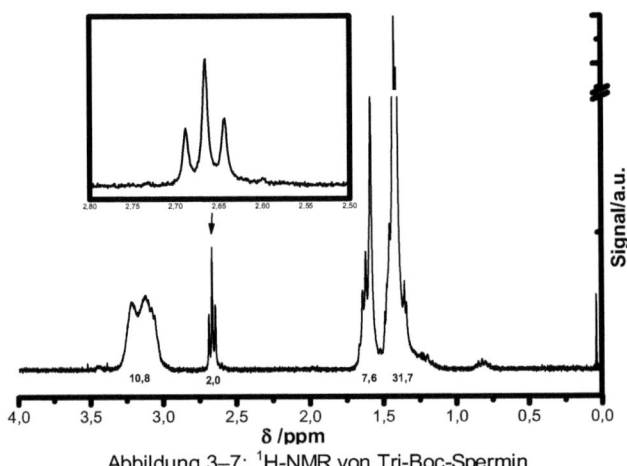

Abbildung 3–7: ¹H-NMR von Tri-Boc-Spermin

Die Kopplung des Spermin-Fragments mit dem monofunktionellen Amino-Hexanol ist in Abbildung 3–8 alternativ durch Kondensation oder Akylierung dargestellt. Die Produkte sind dann entweder ein Cbz-geschütztes oder ein Pht-geschütztes Polyamin. Beide Polyamine werden mehrmals durch Flashchromatographie aufgereinigt, sodass die Verunreinigungen massenspektroskopisch nicht mehr nachweisbar sind. Um unerwünschte Nebenprodukte bei der Acrylierung zu verhindern, muss die entstandene freie sekundäre Aminogruppe des Polyamins ebenfalls mit der Boc-gruppe geschützt werden. Die Einführung der Boc-Schutzgruppe erfolgte durch Zugabe von Di-tert-butyldicarbonat und Trimethylamin in Methanol, nach einer abgewandelten Vorschrift von Gardner et al[158]. Die Reinheit dieser Verbindung wurde durch die Aufnahme eines Massenspektums überprüft. Das gefundene Signal entspricht mit seiner Masse dem gewünschten Produkt. Allerdings ist noch ein geringer Anteil an Verunreinigungen detektierbar. Trotz dieser Verunreinigungen wurde das Produkt anschließend selektiv Cbzl- und auch Pht-entschützt und konnte dann nach erfolgreicher weiterer Reinigung im nächsten Schritt eingesetzt werden.

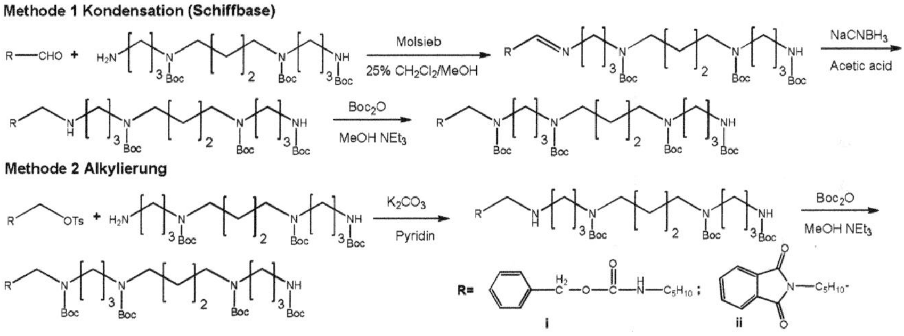

Abbildung 3–8: Reaktionsschema zur Kopplung des Spermin-Fragments mit dem monofunktionellen Aminohexanol

Die Abspaltung der Pht-Schutzgruppe des Polyamins erfolgt durch Umsetzung mit Hydrazin in Ethanol, nach einer abgewandelten Vorschrift von Tahtaoui et al[161]. Im Gegensatz dazu wird die Cbz-Schutzgruppe des Polyamins im Autoklaven bei 15 bar unter H_2-Atmosphäre mit einem Palladium 10% wt. auf Aktivkohle (Degussa Typ E101) als Katalysator in Methanol innerhalb von 2 Tagen gespalten.

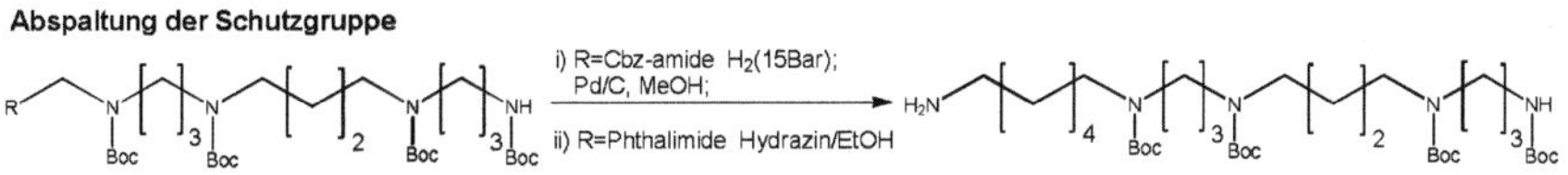

Abbildung 3–9: Reaktionsschema zur Entschützung der Cbz- und Pht-Gruppe

Die Isolierung des Produkts erfolgte durch zweifache Flashchromatographie mit einem Gemisch aus Methanol und Dichlormethan, mit zusätzlich 0,6 Vol % der 32 %-NH_3-Lösung als mobile Phase. Der Erfolg der selektiven Abspaltung der Schutzgruppe lässt sich in diesem Fall leicht durch Aufnahme eines ^{1}H-NMR-Spektrums nachweisen. In Abbildung 3–10 ist das ^{1}H-NMR-Spektrum von tert-Boc-Spermin-Hexanamin zu sehen. Das charakteristische aromatische Multiplett des Benzolrings, welcher an tert-Boc-Spermin-Hexanamin gebunden ist, tritt nicht mehr im Bereich der hohen chemischen Verschiebung δ auf. Die hergestellte Verbindung wird zusätzlich durch Massenspektrometrie analysiert. Die detektierten Massen entsprechen der erwarteten Verbindung. Das nach zwei unterschiedlichen Methoden erhaltene Hexanamin-tert-Boc-Spermin wird kombiniert und weiter zur Acrylierung zum Monomer eingesetzt.

[NMR spectrum with integrations 13,8 1,7 4,0 47,9 on x-axis δ/ppm from 8 to 0]

Abbildung 3–10: ^{1}H-NMR von tert-Boc-Spermin-Hexanamin

Die Einführung der Acryl-Gruppe zum Ziel-Monomer erfolgte durch die Umsetzung mit dem Acrylsäurechlorid in Dichlormethan, mit zusätzlich TEAM und DMAP in Anlehnung an eine abgewandelte Vorschrift von Chris J. H. et al[162], wie es in Abbildung 3–11 gezeigt ist.

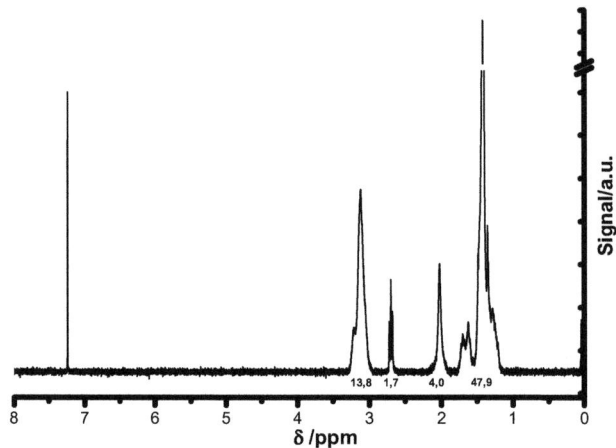

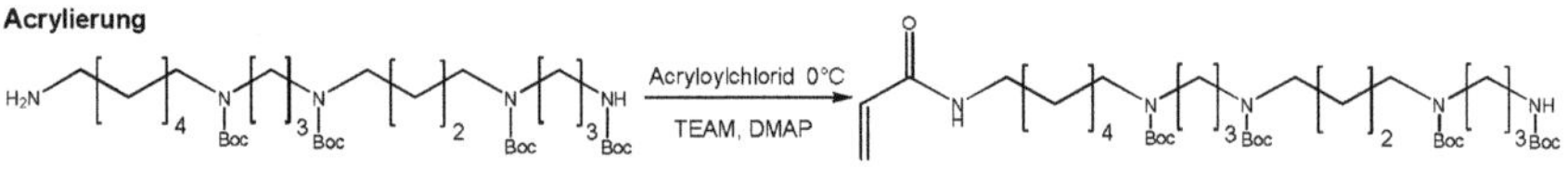

Abbildung 3–11: Reaktionsschema zur Einführung der Acryl-Gruppe im Monomer

Das Monomer und unerwünschte Nebenprodukte konnten durch Säulenchromatographie unter Verwendung eines Chloroform / Methanol / 32 % NH_3 Gradienten vollständig getrennt werden. Das Acrylat-Derivat ist thermisch instabil und lichtempfindlich. Nach der Reaktion und nach der Säulenchromatographie wurde das Lösungsmittel bei Temperaturen von ca. 5-10 °C entfernt. Nach zweimaliger Wiederholung dieser Reinigungsprozedur wird das Monomer durch die Aufnahme einer ^{1}H-NMR-Messung analysiert. In Abbildung 3–12 sind die Protonen der Olefinseitenketten des Polymers bei der chemischen Verschiebung zwischen 5,5 ppm und 6,3 ppm als zwei Dubletts mit den Kopplungkonstanten von $^3J_{cis}$ = 7,5 Hz und $^3J_{trans}$ = 12,8 Hz sehr gut nachzuweisen. Im Falle vom ^{13}C-NMR-

Spektrum sind keine Signale zu erkennen, die nicht dem gewünschten Produkt zugeordnet werden können. Das in der massenspektroskopischen Analyse detektierte Signal entspricht dem gewünschten Monomer.

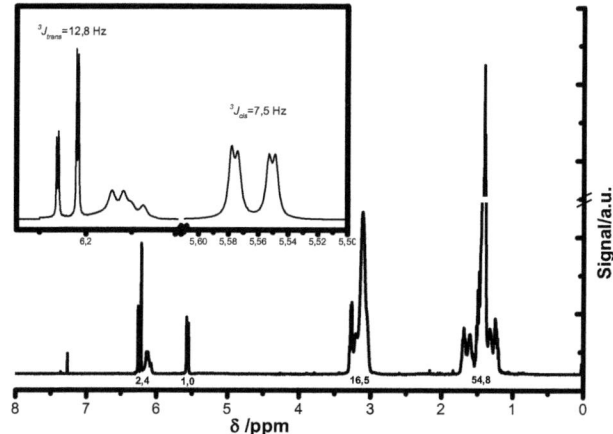

Abbildung 3–12: ^{1}H-NMR des Monomers

Die Reinheit des Monomers wird zusätzlich durch die HPLC-Chromatographie überprüft. Es sind nur sehr geringe Anteile von Verunreinigungen im HPLC-Chromatogramm zu erkennen, sodass das Monomer eine Reinheit grösser als 98% besitzt.

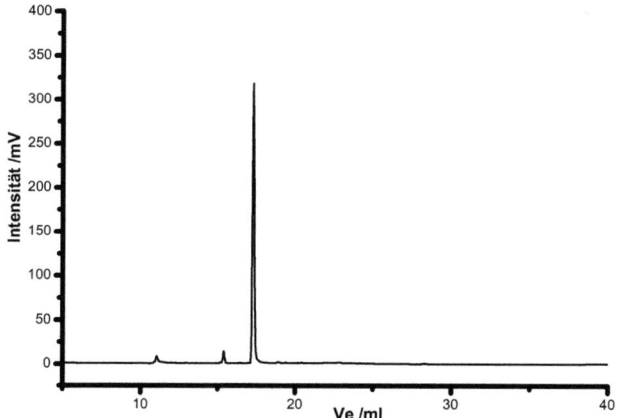

Abbildung 3–13: HPLC-Chromatogramm des Monomers, C8-Säule, LS-detektor, T=25°C, Gradient (40min: 50/50 Acetonitril/Wasser →100% Acetonitril)

3.1.2 Synthese des RAFT-Reagenz

Der RAFT-Prozess unterscheidet sich nur durch die Zugabe eines letztlich sehr effektiven reversiblen Kettenüberträgers (RAFT-Reagenz) von einer freien radikalischen Polymerisation. Die richtige Wahl und eine hohe Reinheit des RAFT-Reagenzes ist deshalb von großer Bedeutung, um Polymere mit enger Verteilung und guter Kontrolle über das Molekulargewicht herzustellen. In der Literatur sind zahlreiche RAFT-Reagenzien beschrieben: Die Grundstrukturen der RAFT-Reagenzien basieren auf Thiocarbonylverbindungen, unterscheiden sich durch die daran gebundenen radikalischen Abgangsgruppen und die stabilisierende Übertragungsgruppe. Die Aktivität der C=S Doppelbindung ist für die Übertragung verantwortlich, d. h. die Geschwindigkeit, mit der ein Radikal addiert wird, und bestimmt zudem die Lebenszeit des Adduktradikals. Die Abgangsgruppe wird bei der ersten Übertragungsreaktion abgespalten und startet das Kettenwachstum[68,69].

Die RAFT-Reagenzien können unter Trithiocarbonyl- und Dithiocarbonylverbindung in zwei verschiedene Klassen eingeteilt werden. In dieser Arbeit wird ein RAFT-Reagenz mit Dithioester zur Herstellung des polyvalenten kationischen Poly-Hexylacryamid-Spermins verwendet. Das rote 2-Cyanopropan-2-yl-Benzodithioat ist das am häufigsten verwendete organische RAFT-Reagenz und ermöglichte bereits erfolgreich die kontrollierte Polymerisation von verschiedenen hydrophoben Monomeren. Es wird in Abbildung 3–14 nach einer Vorschrift von Khaled A. A. et al in einer mehrstufigen Synthese hergestellt.

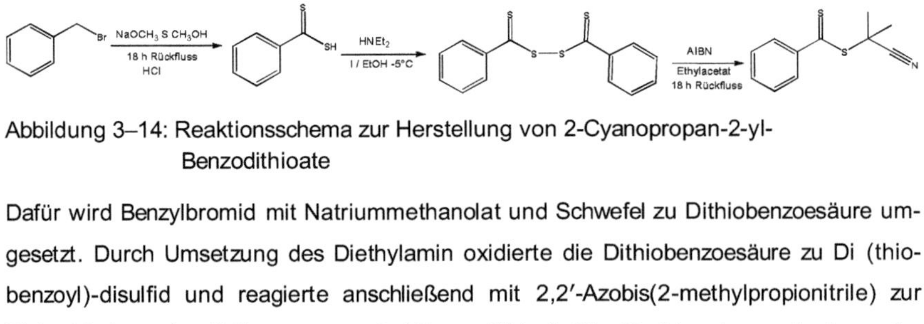

Abbildung 3–14: Reaktionsschema zur Herstellung von 2-Cyanopropan-2-yl-Benzodithioate

Dafür wird Benzylbromid mit Natriummethanolat und Schwefel zu Dithiobenzoesäure umgesetzt. Durch Umsetzung des Diethylamin oxidierte die Dithiobenzoesäure zu Di (thiobenzoyl)-disulfid und reagierte anschließend mit 2,2'-Azobis(2-methylpropionitrile) zur Zielverbindung des 2-Cyanopropan-2-yl-Benzodithioat. Die Struktur des nach chromatographischer Reinigung isolierten Produkts wurde anhand der Aufnahme eines ^{1}H-NMR-Spektrums bestätigt. Der Erfolg der Herstellung des Dithiobenzoats ist durch die charakteristischen Signale der aromatischen Protonen im Bereich von 7,3 ppm und 8,0 ppm belegt. Das Singulett erscheint im Tieffeld bei 1,9 ppm und entspricht dem Signal des Methylprotons.

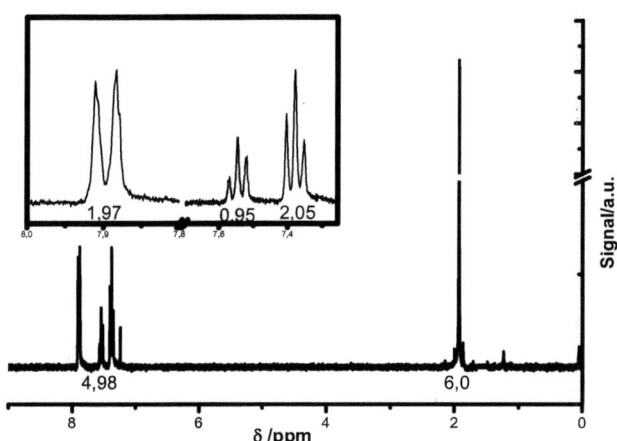

Abbildung 3–15: ^{1}H-NMR von 2-Cyanopropan-2-yl-Benzodithioat

Die Reinheit dieser Verbindungen wurde zusätzlich im HPLC-Chromatogramm überprüft. In Abbildung 3–16 ist nur ein Signal detektiert, dass das Produkt nach säulenchromatographischer Reinigung isoliert wurde.

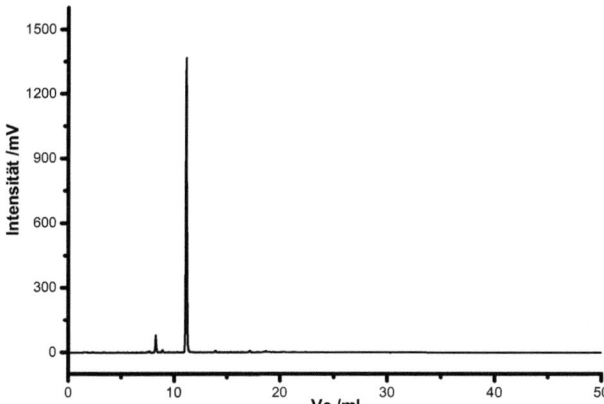

Abbildung 3–16: HPLC-Chromatogramm von 2-Cyanopropan-2-yl-Benzodithioate, C8-Säule, LS-detektor, T=25°C, Gradient (50 min: 50/50 Acetonitril/Wasser →100% Acetonitril)

3.1.3 Synthese des polyvalenten, kationischen Polymers durch RAFT-Polymerisation

Die Herstellung des polyvalenten kationischen Polymers erfolgt in einer zweistufigen Synthese, ausgehend von tert-Boc-Spermin-Hexanamin wie in dem in Abbildung 3-17 dargestellten Reaktionsschema gezeigt. Der erste Schritt beinhaltet die Synthese des Boc-geschützten Polymers, welches durch die RAFT Polymerisation des tert-Boc-Spermin-Hexanamins hergestellt wurde. Als Radikalinitiator wird eine Azoverbindung von Azo-bis-(isobutyro-nitril) eingesetzt. Da die Abgangsgruppe des RAFT-Reagenz und die nach Dissoziation des Initiators gebildeten Primärradikale identisch sind, gewährleistet diese Kombination, dass jede Kette von der gleichen initiierenden Spezies gestartet wird. Bei der Polymerisation beträgt das Stoffmengenverhältnis vom RAFT-Reagenz zum Initiator 5:1. Die Reaktionstemperatur wurde bei 90 °C gewählt, wobei nach ca. 24 h Polymerisationszeit der Initiator zerfallen ist. Als Lösungsmittel für die Polymerisation dient Anisol, welches mit AIBN über Nacht gerührt und durch Kolonnendestillation aufgereinigt wurde. Die Konzentration des RAFT-Reagenzes wurde für die Polymerisation des Boc-gschützten Polymers so gewählt, dass bei 100 % Umsatz ein theoretisches Molekulargewicht M_n^{theo} von 151200 g mol^{-1} erreicht wird, d.h. das Stoffmengenverhältnis vom RAFT-Reagenz zum Monomer beträgt 1:200.

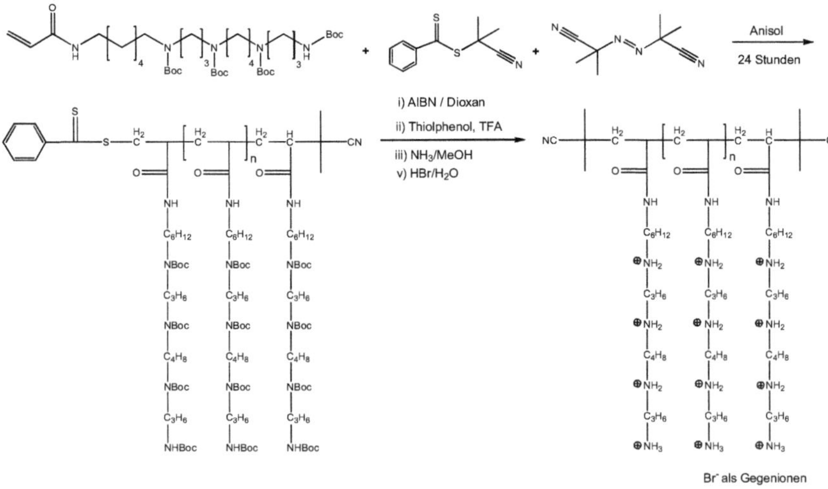

Abbildung 3-17: Reaktionsschema zur Herstellung des polyvalenten kationischen Polymers

3 Synthese und Charakterisierung eines polyvalenten kationischen sperminanalogen Polymers

Die hergestellten Polymere waren schwach rosa gefärbt, was auf die Dithiobenzoat-Endgruppe aus RAFT-Reagenz zurückzuführen und typisch für Produkte von RAFT-Polymerisationen ist. Die Aufreinigung des Boc-geschützten Polymers erfolgt in diesen Fällen nicht durch Umfällen des Rohprodukts. Eine erfolgreiche Isolierung des Polymers wurde durch präparative GPC-Chromatographie in THF realisiert. Die Charakterisierung des damit erhaltenen Boc-geschützten Polymers wird im folgenden Kapitel 3.2.1 beschrieben.

Im zweiten Schritt wird dann das polyvalente kationische Polymer durch Abspaltung der Schutzgruppen erhalten. Dabei wird in Dioxan durch Zugabe von AIBN die Dithiobenzoat-Endgruppe abgespalten und anschließend werden die positiven Ladungen durch Umsetzung mit Thiophenol und Trifluoressigsäure erzeugt. Die Isolierung des Polymers mit TFA⁻ als Gegenionen erfolgt in diesem Fall durch Umfällen aus einer Ether-Dioxan-Mischung. Um die Gegenionen mit Br⁻ auszutauschen, wurde das positiv geladene Polymer zuerst in Methanol-Lösung aufgenommen und durch Zugabe von 7N NH_3 / Methanol-Lösung deprotoniert. Nach Abtrennen des Niederschlags erhält man das Polymer mit Br⁻ als Gegenionen durch Protonierung unter Zugabe von Bromwasserstoffsäure. Danach wurde das gewünschte kationische Polymer als Hydrobromid durch Umfällen aus einer Ether-Methanol-Mischung sauber isoliert. Abbildung 3–18 zeigt eindeutig den Peak der Boc-Schutzgruppe im Spektrum des Precursors bei einer chemischen Verschiebung von 1,38 ppm. Im Spektrum des positiv geladenen Polymers ist dieser Peak nicht mehr vorhanden.

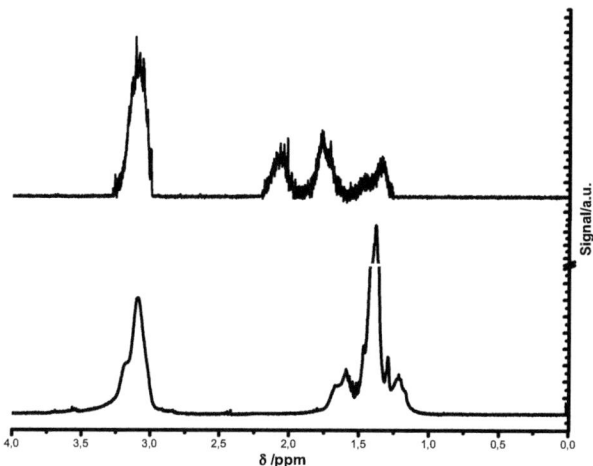

Abbildung 3–18: ^{1}H-NMR des Boc-geschützten Polymers (unten) und des polykationischen Polymers (oben)

3.2 Charakterisierung des polyvalenten kationischen Polymers

3.2.1 Charakterisierung des Boc-geschützten Polymers

Zur Charakterisierung des polyvalenten kationischen Poly-Hexylsperminacrylamids (PHSAM) wurde zuerst die Vorstufe des Boc-geschützten Polymers, d. h. das ungeladene Polymer untersucht. Als erstes wurde hier durch die Gelpermeationschromatographie die ungefähre Größe des ungeladenen Polymers abgeschätzt, wobei die hier untersuchten Polymere allerdings nur einen ersten Hinweis auf die zu erwartende Größe geben, was an den fehlenden Kalibrierungsmöglichkeiten für diese Polymerarchitektur liegt. Eine genauere Analyse ergibt sich durch die Verwendung von Streumethoden wie die dynamische und statische Lichtstreuung, wodurch Mittelwerte der hydrodynamischen Radien sowie der Trägheitsradien und Molmassen geliefert werden.

Die Abbildung 3–19 zeigt das Gelpermeationschromatogramm des Polymers in THF. Man erkennt eine monomodale Verteilung. Weitere Peaks, die auf Rekombinationsprodukte hinweisen könnten, sind nicht zu erkennen. Durch GPC mit Hilfe von Polymersäulen (Polystyrol-spezifische Säulensatz) in THF wird die enge Molekulargewichtsverteilung und die erfolgreiche Aufreinigung des Boc-geschützten Polymers, insbesondere die erfolgreiche Abtrennung des nicht umgesetzten Ausgangsmonomeren bestätigt: So liefert die Auswertung der GPC mit Hilfe einer Polystyrolkalibrierung ein Molekulargewicht von M_n = 27502 g/mol bei einer Polydispersität von PD = 1,16 (PS-Kalibrierung). Das Peakmaxima entspricht einem PS-Standard M_p = 31900 g/mol (THF).

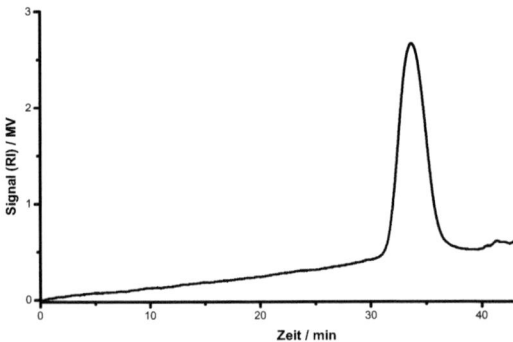

Abbildung 3–19: Gelpermeationschromatogramm des Boc-geschützten Polymers in THF

Die aus der statischen Lichtstreuung erhaltenen Zimm-Auftragungen sind in Abbildung 3–20 gezeigt. In dem untersuchten System erhält man linear nach Zimm extrapolierbare statische Streukurven. Durch die Steigungen der Extrapolation $(Kc/R_\theta)_{\theta \to 0}$ gegen c erhält man einen positiven zweiten Virialkoeffizient (A_2), wodurch bei Methanol eine besonders gute Qualität als Lösungsmittel für das Boc-geschützte Polymer festgestellt werden konnte. Durch gleichzeitige Auftragung von $(Kc/R_\theta)_{c \to 0}$ gegen q^2 kann der Trägheitsradius des freien Teilchens von R_g = 12 nm bestimmt werden.

Das Polymerrückgrat besteht aus Boc-geschütztem Polyaminacrylat, an das dann durch Raft-Polymerisation die Seitenketten polymerisiert werden. Jede Wiederholungseinheit hat eine Molmasse von 757 g/mol. Unter Annahme des gemessenen Brechungsindexinkrementes von 0,1493 ml/g wird das Gewichtsmittel der Molmasse von 1,169·10^5 g/mol erhalten, was einer mittleren Anzahl von 155 Wiederholungseinheiten pro Polymerkette entspricht. Jede Monomereinheit besitzt eine Länge von 0,25 nm. Somit kann das Gewichtsmittel der Konturlänge des Rückgrats von ca. 39 nm berechnet werden. Das Zahlenmittel der Konturlänge des Rückgrats, welches durch die dazugehörige Polydispersität (aus GPC) geteilt wird, hat einen Wert von 35 nm.

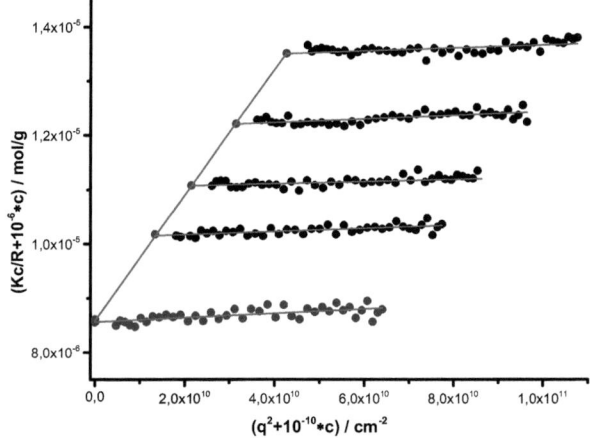

Abbildung 3–20: Zimmplot des Boc-geschützten Polymers in 1 mM LiBr/MeOH bei T=293K zwischen 30 und 150 Grad; Filtrat LG200 nm; c_1=4,26 g/l; c_2=3,14g/l; c_3=2,14 g/l; c_4=1,34g/l; M_w=1,17x10^5 g/mol; A_2=7,96x10^{-8} mol·ml·g^{-2}; R_g=11,8 nm; dn/dc=0,1493 cm^3/g

Der hydrodynamische Radius (R_h) des Polymers in Methanol mit 1 mM LiBr, welcher durch dynamische Lichtstreuung bestimmt wurde, ist winkelunabhängig und hat einen Wert von

7 nm, was der Größenordnung eines einzelnen Polymer-Moleküls entspricht, wie in Abbildung 3–21 dargestellt.

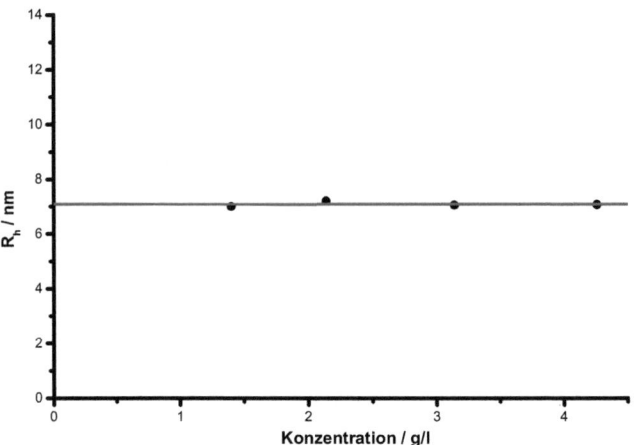

Abbildung 3–21: DLS des Boc-geschützten Polymers in 10^{-3}mol LiBr/MeOH bei T=293K; Filtrat LG200nm; c_1=4,26 g/l; c_2=3,14 g/l; c_3=2,14 g/l; c_4=1,34g/l; Rh=7 nm

Das sogenannte ρ-Verhältnis erlaubt eine Aussage über die Struktur der Probe in Lösung. So ergeben sich für Gaußknäuel je nach Lösungsmittelqualität und Polydispersität theoretische Werte von 1,505-2.05; für Hohlkugeln erhält man 1 und für harte Kugeln 0,775[70]. Somit beträgt das ρ-Verhältnis des Polymers 1,71, was einen typischen Wert für ein ideal flexibles Knäuel im guten Lösungsmittel widerspiegelt. Die Dichte des Boc-geschützten Polymers in 10^{-3}mol LiBr/MeOH kann aus der Lichtstreuung auf Basis des Trägheitsradius oder auf Basis des hydrodynamischen Radius berechnet werden:

$$\rho_{\text{Polymer}} = \frac{M_{w,Polymer}}{6{,}023 * 10^{23}\ mol^{-1}} \div \left(\frac{4\pi(R_{Polymer})^3}{3}\right)$$

Die Dichte des Polymers, welche aus dem Trägheitsradius berechnet wird, beträgt 0,028 g/cm^3 und die aus dem hydrodynamischen Radius bestimmte Dichte liegt bei einem Wert von 0,135 g/cm^3.

3.2.2 Charakterisierung des positiv geladenen Polymers (PHSAM)

Ein Ziel dieser Doktorarbeit ist es, das positiv geladene Poly-Hexylsperminacrylamid herzustellen, welches mit dem anionischen Gadolinium-Polyoxometalat sowie DNA für die

Komplexierung eingesetzt wird, weshalb eine detaillierte Charakterisierung notwendig wird. Im folgenden Abschnitt wird deshalb zunächst die Charakterisierung des Polykations beschrieben, wobei insbesondere das salzabhängige Verhalten einen wichtigen Aspekt darstellt. Durch Charakterisierung in Wasser, mit zusätzlich 150 mM NaCl, mittels statischer und dynamischer Lichtstreuung soll untersucht werden, ob Einzelmoleküle vorliegen und in welcher Konformation das Polymer in der Lösung vorliegt. Anschließend sollen die Eigenschaften des Polymers durch statische und dynamische Lichtstreuung in wässriger Lösung unter Zugabe von Fremdsalz mit unterschiedlichen Fremdsalzkonzentrationen, aber auch in reinem Wasser, beobachtet werden. Zur Untersuchung wurde Natriumbromid als Fremdsalz gewählt und in drei verschiedenen Salzkonzentrationen von 0,5 M, 0,1 M und 0,01 M eingesetzt.

In Abbildung 3–22 ist der Zimm-Plot des Polymers in 150 mM NaCl wässriger Lösung zusehen. Mit dem gemessenen Brechungsindexinkrement von 0,1723 ml/g erhält man eine Molmasse von $1,20 \cdot 10^5$ g/mol. Der Trägheitsradius (R_g) des Polymers liegt bei einer Größe von 17,9 nm. Der durch statische Lichtstreuung bestimmte positive zweite Virialkoeffizient (A_2) von $1,865 \times 10^{-7}$ mol·dm^3·g^{-2} kann als Resultat einer guten Lösungsmittelqualität angesehen werden.

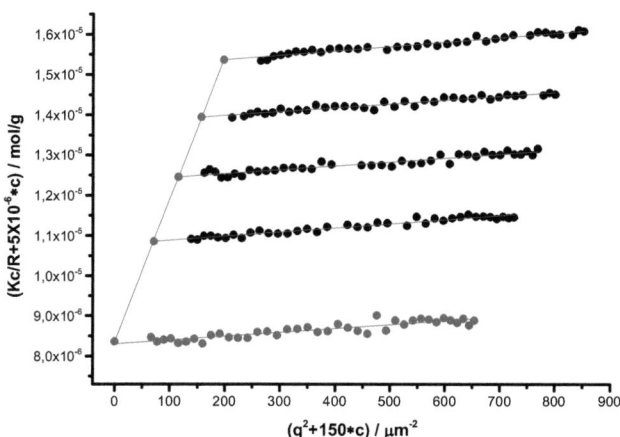

Abbildung 3–22: Zimmplot des Polymers in 150 mmol NaCl/H$_2$O bei T= 293 K; Filtrat GHP 200 nm; c_1=1,32 g/l; c_2=1,04 g/l; c_3=0,77 g/l; c_4=0,48 g/l; M_w=1,20×10^5 g/mol; A_2=1,87×10^{-7} mol ·dm^3 ·g^{-2}; R_g=17,9 nm; dn/dc=0,1723 cm^3/g

Die Ergebnisse der hydrodynamischen Radien gegen die Polymer-Konzentration sind in Abbildung 3–23 aufgetragen und liefern einen Mittelwert von 9,8 nm (keine Konzentrationsabhängigkeit). Dies bedeutet, dass das positiv geladene Polymer in 150 mM NaCl-Lösung als Einzelmolekül vorliegt. Mit Hilfe der aus den Streuexperimenten erhaltenen Werte für die apparenten Molmassen, Trägheitsradien und hydrodynamischen Radien konnte die Dichte des Polymers nach der in Kapitel 3.1.1 beschriebenen Formel bestimmt werden. Die aus dem Trägheitsradius bestimmte Dichte des Polymers liegt bei einer Größe von $8,32 \cdot 10^{-3}$ g/cm^3. Dabei resultiert aus dem hydrodynamischen Radius eine signifikant erhöhte Dichte von $5,07 \cdot 10^{-2}$ g/cm^3.

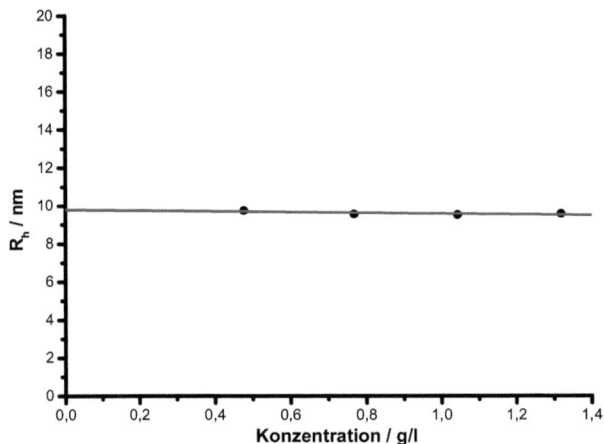

Abbildung 3–23: DLS des Polymers in 150 mmol NaCl/H$_2$O bei T=293 K; Filtrat GHP 200 nm; c_1=1,32 g/l; c_2=1,04 g/l; c_3=0,77 g/l; c_4=0,48 g/l; R_h=9,8 nm

Berechnet man die Molmasse des vollständig hydrolysierten und mit HBr protonierten Polymers aus der Molmasse der Boc-geschützten Vorstufe und den Daten der Wiederholungseinheit, so wird eine theoretische Molmasse von 1,06 10^5 g/mol erhalten. Die in Zimm-Plot bestimmte Molmasse des kationischen Polymers ist um etwa 10 % höher als theoretisch zu erwarten wäre, wenn vollständige Umsetzung bei der Schutzgruppenabspaltung angenommen wird und die experimentelle Molmasse des geschützten Polymers zur Berechnung herangezogen wird. Die Abweichung von 10% liegt im Bereich des experimentellen Fehlers der Lichtstreuung (Fehler in Konzentration, Filtration, Kalibrierung, Extrapolation sowie Fraktionierungseffekt bei Aufarbeitung). Im Vergleich zu dem Boc-geschützten Polymer nehmen zudem Rg von 11,8 nm auf 17,9 nm und Rh von 7 nm auf

9,8 nm zu. Bei Betrachtung der Kombination von R_h/R_g ergibt sich auch eine Änderung des ρ-Verhältnisses von 1,71 auf 1,83. Diese Zunahme kann mit der Streckung der Hauptketten erklärt werden, da das Seitekettenvolumen durch Einführung der Ladungen deutlich erhöht wurde. Der Grund für diesen Effekt liegt in der Verstärkung der intramolekularen elektrostatischen Wechselwirkungen zwischen den positiven Ladungen entlang der Seitenketten. Andererseits muss eventuell aber auch berücksichtigt werden, dass eine niedermolekulare Fraktion nach der Portionierung beim Reinigungsprozess abgetrennt wurde, was sich natürlich insbesondere auf die Radien auswirken würde, die gemessene Polydispersität des Precursor scheint aber mit $M_w/M_n \approx 1{,}2$ zu klein, als dass dies signifikant sein könnte.

Um die Eigenschaften des geladenen Polymers in wässrigen Lösungen näher zu untersuchen, wurde das Polymer im Gegensatz zu der Charakterisierung in Lösung mit physiologischem Salzgehalt jetzt in NaBr-Lösung durchgeführt. Somit wurde die Polymerlösung zunächst mit dem ausreichenden Überschuss an NaBr bei deren Salzkonzentration von 0,5 M, 0,1 M sowie 0,01 M in Lichtstreuküvetten vorgelegt und mit Salzlösungen höherer Konzentrationen titriert. Nach jedem Titrationsschritt wurden die Polymerlösungen mit statischer und dynamischer Lichtstreuung charakterisiert. Die Ergebnisse der Messungen sind in Abbildung 3–24 bis Abbildung 3–29 graphisch dargestellt. In allen untersuchten Systemen erhält man linear nach Zimm extrapolierbare statische Streukurven. Die erhaltenen Lichtstreudaten sind in Tabelle 3–1 zusammengefasst. Da das Brechungsindexinkrement aufgrund fehlender Substanzmenge nicht gemessen werden konnte, sind die Ergebnisse unter der Annahme eines (dn/dc)-Wertes in 150 mM NaCl-Lösung von 0,1723 ml/g angegeben. Man erkennt eindeutig, dass der zweite Virialkoeffizient (A_2) bei allen untersuchten Systemen in der gleichen Größenordnung schwach positiv ist, was darauf hinweist, dass Wasser ein gutes Lösungsmittel für dieses Polymer ist.

Tabelle 3–1: Zusammenfassung der Lichtstreuergebnisse von dem Polymer

Fremdsalzkonz.	R_g /nm	R_h /nm	A_2 / mol·dm^3·g^{-2}	M_w / g·mol^{-1}	ρ-Verhältnis
0,5 M NaBr	16,1	8,9	2,18x10^{-7}	1,43x10^5	1,81
0,1 M NaBr	15,6	9,8	2,15x10^{-7}	1,61x10^5	1,59
10^{-2}M NaBr	15,9	9,0	1,85x10^{-7}	1,25x10^5	1,77

Bei Betrachtung der Lichtstreuergebnisse kann man erkennen, dass die Größe der gelösten Partikel sich nicht verändern wird. Bei verschiedenen Fremdsalzkonzentrationen unter hohem NaBr-Überschuss entspricht die Partikelgröße etwa der Größe eines einzelnen Moleküls. Geringe Abweichungen, im Vergleich zur Charakterisierung in 150 mM NaCl-Lösung, können durch die Änderung des Brechungsindexes und der Viskosität sowie durch die Änderung der Lösungsmittelqualität erklärt werden.

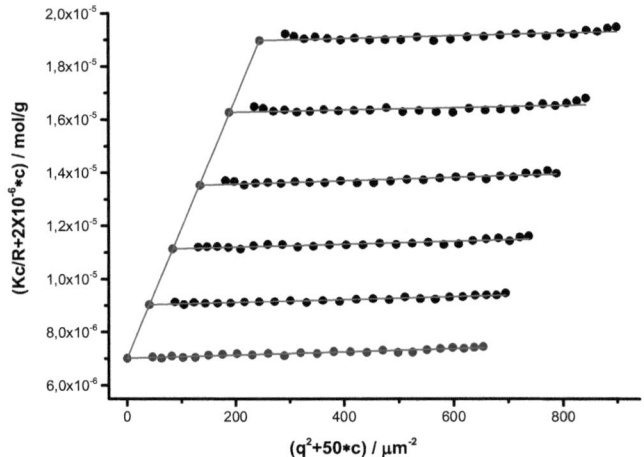

Abbildung 3–24: Zimmplot des Polymers in 0,5 mol NaBr/H_2O bei T=293 K zwischen 30 und 150 Grad; Filtrat LG200 nm; c_1=4,9 g/l; c_2=3,76 g/l; c_3=2,69 g/l; c_4=1,68 g/l; c_5=0,82 g/l; M_w=1,43x10^5 g/mol; A_2=2,175x1^{-7} mol·dm^3·g^{-2}; R_g=16 nm; dn/dc=0,1723 cm^3/g

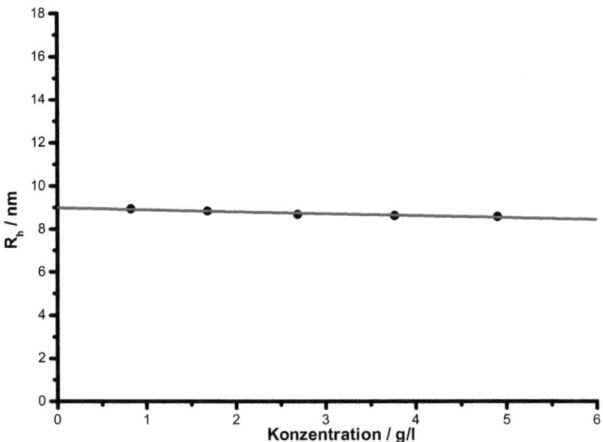

Abbildung 3–25: DLS des Polymers in 0,5 mol NaBr/H_2O; Filtrat LG200 nm; c_1=4,9 g/l; c_2=3,76 g/l; c_3=2,69 gl; c_4=1,68 g/l; c_5=0,82 g/l; R_h=9 nm

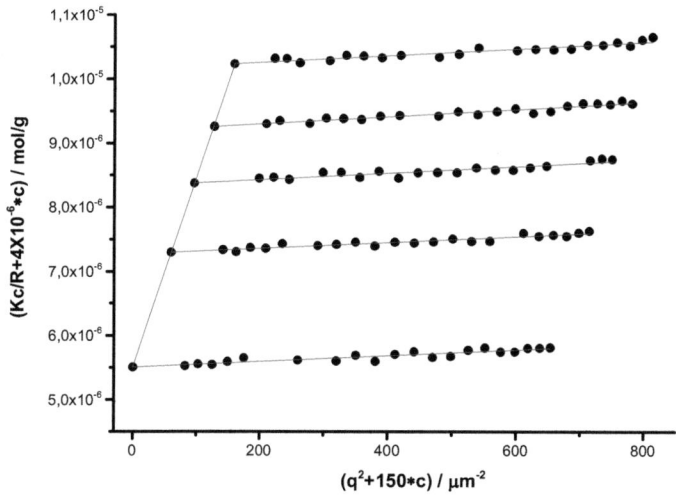

Abbildung 3–26: Zimmplot des Polymers in 0,1 mol NaBr/H$_2$O bei T=293 K zwischen 30 und 150 Grad; Filtrat LG200 nm; c_1=1,06 g/l; c_2=0,85 g/l; c_3=0,64 g/l; c_4=0,40 g/l; M_w=1,609x10^5 g/mol; A_2=2,148x10^{-7} mol·dm^3·g^{-2}; R_g=16 nm; dn/dc=0,1723 cm^3/g

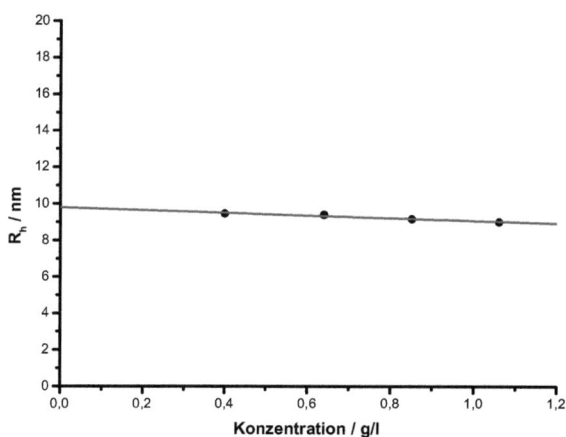

Abbildung 3–27: DLS des Polymers in 0,1 mol NaBr/H$_2$O bei T=293 K; Filtrat LG200 nm; c_1=1,06 g/l; c_2=0,85 g/l; c_3=0,64 g/l; c_4=0,40 g/l; R_h=9 nm

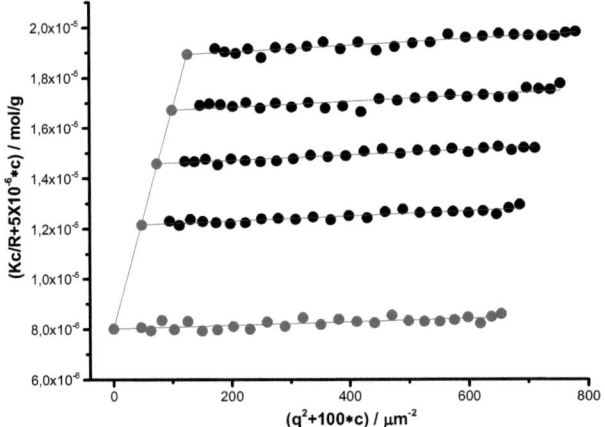

Abbildung 3–28: Zimmplot des Polymers in 0,01 mol NaBr/H$_2$O bei T=293 K zwischen 30 und 150 Grad; Filtrat LG200 nm; c_1=1,26 g/l; c_2=1,00 g/l; c_3=0,74 gl; c_4=0,48 g/l; M_w=1,248x10^5 g/mol; A_2=1,85x10^{-7} mol·dm^3·g^{-2}; R_g=16 nm; dn/dc=0,1723 cm^3/g

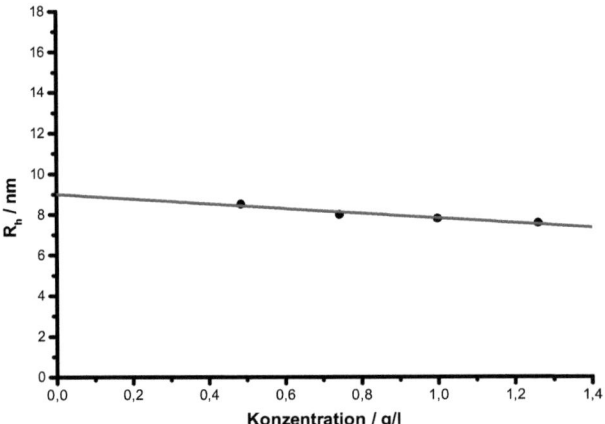

Abbildung 3–29: DLS des Polymers in 0,01 mol NaBr/H$_2$O bei T=293 K; Filtrat LG200 nm; c_1=1,26 g/l; c_2=1,00 g/l; c_3=0,74 g/l; c_4=0,48 g/l; R_h=9 nm

Die oben beschriebenen Experimente unterstützen die Charakterisierung in 150 mM NaCl-Lösung. Bei Zugabe von Fremdsalz im Überschuss wird die Größe der gelösten Partikel nicht verändert und die Größe bei verschiedenen Mischungsverhältnissen entspricht etwa der Größe des einzelnen Polymers. Für das Polymer ist zudem der Durchmesser im entschützten Zustand wesentlich größer als für den korrespondierenden Precursor.

Bei wässrigen Lösungen von geladenen Polymeren wird häufig eine, von der Fremdsalzkonzentration abhängige, Änderung beobachtet[71]. Im nächsten Experiment wurden die Konzentrationen des eingesetzten Polymers mit einem Unterschuss von Fremdsalz bei $c_p/c_s \approx 25$ vorgelegt, um die Unterdrückung der Aggregation des Polymers zu vermeiden. Um dies weiter zu untersuchen, wurde die Polymerlösung bei einer Salzkonzentration von 1 mM NaBr in Lichtstreuküvetten vorgelegt und anschließend mit Salzlösungen höherer Konzentrationen titriert. Das gebildete Aggregat wurde nach jedem Titrationsschritt mittels statischer und dynamischer Lichtstreuung charakterisiert. Um das Aggregationsverhalten zu beobachten, wurde das Polymer außerdem in Wasser ohne Fremdsalzzugabe untersucht. Die aus der statischen Lichtstreuung erhaltenen Molmassen sowie Trägheitsradien sind in Tabelle 3–2 zusammengefasst. Die Molmasse des Aggregats ist in diesen Lösungsmittelsystemen aufgrund der nicht bekannten Brechungsindexinkremente nicht korrigiert und es wurde mit Hilfe der konzentrationsnormierten Rayleigh-Verhältnisse $M_{w,app}$ $(dn/dc)^2$ für die Auswertung ausgewertet[72]. Um die Molmasse endgültig auszuwerten, müsste eine genaue Bestimmung der Konzentrationen sowie der dn/dc-Werte durchgeführt werden, worauf im Rahmen dieser Arbeit jedoch wegen der geringen zur Verfügung stehenden Probenmenge verzichtet wurde.

Tabelle 3–2: Ergebnisse der konzentrationsabhängigen statischen Lichtstreuung des Polymers in 1 mM NaBr ($c_P > c_S$) und in reinem Wasser, alle M_w-Werte wurden mit einem angenommenen (dn/dc)-Wert von 0,1 ml/g erhalten.

Polymerkonzentration. / g/l		M_w / g·mol^{-1}	R_g / nm
in 1mM NaBr $c_p/c_s \approx 25$	4,70	2,004 E+5	35
	3,64	2,212 E+5	34
	2,60	2,411 E+5	33
	1,63	2,735 E+5	32
	0,77	3,215 E+5	29
in reinem Wasser	5,33	2,233 E+5	44
	4,12	2,395 E+5	43
	3,19	2,474 E+5	40
	2,17	2,675 E+5	40
	1,14	2,833 E+5	37

Die Ergebnisse der dynamischen Lichtstreuung sind in Abbildung 3–30 und Abbildung 3–31 gezeigt. Die Graphen stellen den apparenten Diffusionskoeffizienten in Abhängigkeit von der Verdünnung dar. Bei der Auswertung der dynamischen Lichtstreuung wurde die

Korrelationsfunktion von zwei verschiedenen Diffusionsprozessen detektiert und bei den verschiedenen Winkeln mit Hilfe einer Summe von Mono- und Biexponentialfunktionen angepasst und anschließend der Diffusionskoeffizient gegen q^2 aufgetragen. Der apparente Diffusionskoeffizient wurde nach Extrapolation auf $q = 0$ erhalten: Der erste entspricht einem hydrodynamischen Radius von 4 nm und ist somit nicht assoziierten einzelnen Polymeren zuzuordnen. Dass hierbei nicht 9 nm erhalten werden, ist damit durch die Überlagerung von Diffusion zu erklären. Der zweite Diffusionsprozess aus dem gleichen Grund entspricht auch keiner deutlichen Struktur für den Radius, in diesem Fall spricht man nur von „Aggregaten" oder „Assoziaten".

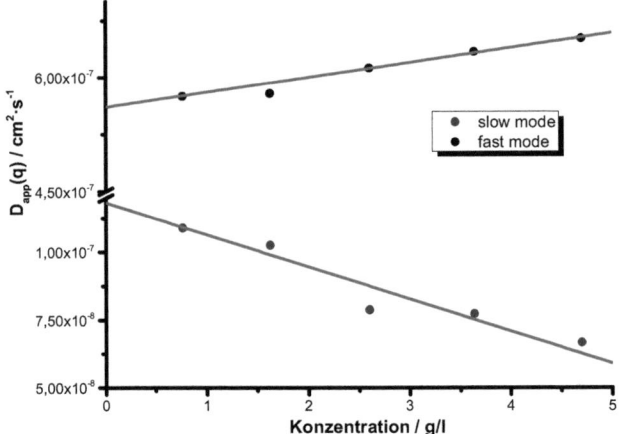

Abbildung 3–30: DLS des Polymers in 1 mM NaBr/H$_2$O bei T=293 K; $c_p/c_s \approx 25$;

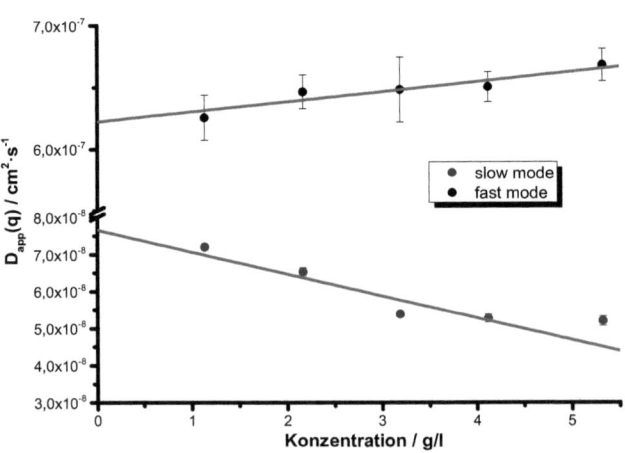

Abbildung 3–31: DLS des Polymers in reinem Wasser bei T=293 K

Bei Betrachtung der Graphen fällt auf, dass die Salzzugabe einen großen Einfluss auf die Bildung der Aggregate hat. Die erhaltenen Messwerte zeigen klar, dass in diesem Konzentrationsbereich neben den Einzelmolekülen Aggregate auftreten. Eine Verdünnung bewirkt eine Strukturänderung hin zu kleinen Aggregaten. Die Berechnung des hydrodynamischen Radius ist nicht sinnvoll, da die Teilchen in Lösung abstoßenden Wechselwirkungen unterliegen[73], weshalb durch die Überlagerung von Diffusion kein geordneter hydrodynamischer Radius bestimmt werden kann. Auf eine genauere Untersuchung wurde verzichtet, da sie nicht Gegenstand dieser Arbeit war. Als Ergebnis der Lichtstreuung unter Zusatz von Fremdsalz bleibt festzuhalten, dass die Bildung dieser Aggregate durch den Zusatz eines Überschusses an Fremdsalz verhindert werden kann.

3.3 Zusammenfassung von Kapitel 3

Die RAFT Polymerisation kann verwendet werden, um das geschützte Polymer, basierend auf 6-Aminohexanol und Spermin, herzustellen. Bei der Synthese wurde von N-tert-Boc-Spermin-Hexanamin-Monomer mit Acryl-Endgruppe, hergestellt durch die Kopplungsreaktion von monofunktionalisierten Untereinheiten, ausgegangen, deren Synthese bereits in der Literatur beschrieben war. Für eine erfolgreiche Homopolymerisation musste das Boc-gschützte Monomer mehrmals durch Säulenchromatographie aufgereinigt und die Polymerisation in Anisol durchgeführt werden. Die Abtrennung vom Restmonomer ist in diesem Fall durch Umfällen nicht möglich, da Polymer und Monomer gleiche Lösungseigenschaften haben. Durch Isolierung mittels der präparativen GPC-Chromatographie in THF wurde das gewünschte Polymer (mit Boc-Schutzgruppen) erhalten und anschließend wurden der Trägheitsradius, der hydrodynamische Radius sowie die Molekulargewichte des Polymers in Methanol-Lösung bestimmt.

Um die positiven Ladungen an dem Polymer aufzubauen, wurde das Boc-gschützte Polymer durch Umsetzung mit Trifluoressigsäure protoniert. Der Gegenionenaustausch erfolgt in diesem Fall durch Deprotonierung und anschließender Zugabe von Bromwasserstoffsäure. Weitergehende Untersuchungen an diesem positiv geladenen Polymer wurden mittels statischer Lichtstreuung in wässriger Lösung mit verschiedenen Fremdsalzkonzentrationen durchgeführt. Geringe Abweichungen, im Vergleich zur Untersuchung in 150 mM NaCl-Lösung, können auf die Änderung des Brechungsindex und der Viskosität sowie auf die Änderung der Lösungsmittelqualität zurückgeführt werden. Im Gegensatz dazu zeigen die Charakterisierungen bei einer Salzkonzentration von 1 mM NaBr sowie bei reinem Wasser darüber hinaus ein Assoziationsverhalten.

4 Komplexbildung und Charakterisierung

Im Rahmen dieses Kapitels wird die Herstellung und Charakterisierung des Polykation-POM-Komplexes sowie des Polykation-DNA-Komplexes beschrieben. Es ist aufgeteilt in zwei Unterkapitel: Zunächst wird die Komplexierung des kationisch geladenen Polymers mit dem anionischen Gadolinium-Polyoxometalat[74] (Abbildung 4–1) besprochen. Dieses Polyoxometalat bildet sich aus einem Gadolinium(III)-Ion mit zehn Übergangsmetall-Oxyanionen und wird über Sauerstoff-Atome verbrückt. Gadolinium(III)-Verbindungen besitzen sieben ungepaarte Elektronen in der F-Schale, weshalb diese als Kontrastmittel bei Untersuchungen im Kernspintomographen fungieren. Die das Kontrastmittel umgebenden Protonenspins des in biologischen Geweben enthaltenen Wassers relaxieren schneller.[75,76] Dies erhöht die Kontrastunterschiede zwischen verschiedenen Geweben in einer MRT-Aufnahme erheblich, insbesondere wenn lokale Unterschiede der Kontrastmittelkonzentration verschiedener Gewebe erzeugt werden können.

Das Ziel ist es, die Struktur-Eigenschaftsbeziehungen von Polymer-POM-Komplexen in wässrigen Lösungen zu verstehen, um insbesondere für deren Anwendung in der Magnetresonanztomographie die erforderlichen Grundlagen zu schaffen.

Ein weiteres Unterkapitel ist es, die Komplexbildung aus Polymer und DNA in physiologischem Salzgehalt (150 mM NaCl) zu untersuchen, da unter diesen Bedingungen stabile Komplexe als Carrier für DNA in nicht-viraler Gentransfektion funktionieren können.[77,78]

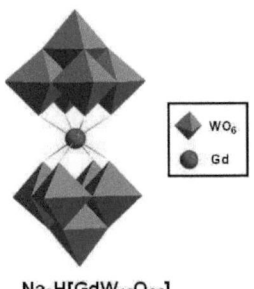

$Na_8H[GdW_{10}O_{36}]$

Abbildung 4–1: Schematische Darstellung der Strukturen von Gadolinium-Polyoxometalate

4.1 Komplexbildung von kationisch geladenem Polymer mit Polyoxometalat

Komplexe bilden sich in der Regel spontan beim Mischen der zwei entgegengesetzt geladenen Komponenten in wässriger Lösung und haben zahlreiche technische Anwendungen. Besonderes Interesse besteht an der Komplexierung von Gadolinium-Polyoxometalat mit positiv geladenen Polykationen, da diese als Kontrastmittel in der Magnetresonanztomographie in der medizinischen Untersuchung ein hohes Potential besitzen können[79,80,81,82].

Im folgenden Abschnitt werden die Herstellung und Charakterisierung der Polykation-POM-Komplexe beschrieben. Das zur Synthese des Polymer-POM-Komplexes verwendete Polyoxometalat wurde von Frau Wang Shan im AK von Prof. Lixin Wu, Jilin Universität, im Rahmen ihrer Arbeit hergestellt. Die Untersuchung der Tensid-POM-Komplexe in wässriger Lösung ist Gegenstand der zeitgleich angefertigten Dissertation von Yinling Wang[83], bei denen die Komplexbildung von Gadolinium-Polyoxometalat mit einem kationischen Tensid komplexiert ist. Im Rahmen dieser Arbeit werden auch Komplexierungsexperimente in Wasser durchgeführt. Die Struktur der Komplexe ist in der Regel stark kinetisch dominiert und maßgeblich von der Konzentration der Polyelektrolyte sowie dem Mischungsverhältnis und dem Mischungsprotokoll abhängig. Alle in diesem Kapitel beschriebenen Komplexlösungen wurden durch Titrationsexperimente hergestellt, bei denen die Polymer-Lösungen ($c_{Polymer} \approx 150$ mg/l) vorgelegt und Gadolinium-Polyoxometalat zugetropft und ab einem bestimmten Mischungsverhältnis eine Zunahme an Größe des Radius beobachtet wurden, bis die gebildeten Komplexe schließlich makroskopisch aus der Lösung ausfallen. Die günstigste Voraussetzung hier wäre, dass die Komplexe im Gleichgewicht vorlägen, wobei der stabilste Komplex für MRT-Aufnahmen eingesetzt werden könnte. Die Komplexe werden mit Hilfe der statischen und dynamischen Lichtstreuung sowie durch XPS, Cryo-TEM und AFM-Aufnahmen in Lösung charakterisiert. Die Stabilität der Komplexbildung wird nach 24 Stunden ergänzend durch eine Zeta-Potential-Messung kontrolliert. Neben der Herstellung in reinem Wasser wird die Komplexbildung in physiologischem Salzgehalt (150 mM/l NaCl) beobachtet.

Die Komplexe aus kationisch geladenem Polymer und Gadolinium-Polyoxometalat wurden durch Titrationsexperimente präpariert[84]. Hierbei wurde die Polymer-Lösung unter Rühren vorgelegt und anschließend die Gadolinium-Polyoxometalat-Lösung dazu titriert. Um das Ladungsverhältnis der Komplexlösung genauer zu berechnen, wurden die Mengen der beiden Ausgangskomponenten vor und nach den Titrationen gravimetrisch bestimmt. Die Umsetzung brauchte weitere 35 Minuten unter Rühren, um eine gleichmäßige Großverteilung der gebildeten Komplexe in der Lösung zu erzielen (35 Minuten nach der Zugabe, um eine einheitliche Alterungszeit zu gewährleisten). Die Konzentration der Komplexlösung wurde nach dem Filtrieren mittels UV-Spektroskopie kontrolliert. Durch die Aufnahme von UV-Spektren konnte so gezeigt werden, dass die Filtration mit Millex-AA Filtern (Porengröße 0,80 µm, Membran: Cellulose-Ester, d = 25 nm) der Firma Millipore Schwalbach ohne Filtrationsverlust erfolgte.

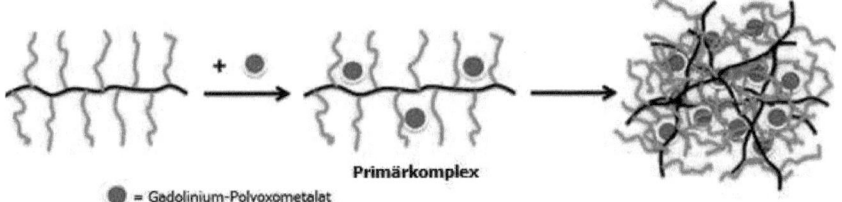

Abbildung 4–2: Schematische Darstellung der Synthese des Polykation-POM-Komplexes

4.1.1 Komplexbildung in Wasser ohne Fremdsalzzugabe

Zunächst wurde das Polymer mit Gadolinium-Polyoxometalat in Wasser ohne Fremdsalzzugabe umgesetzt. Dazu wurde zu der Polymer-Lösung die stöchiometrische Menge an Gadolinium-Polyoxometalat zugegeben. Um zu gewährleisten, dass die Ergebnisse der unterschiedlichen Komplexierungen vergleichbar sind, wurde die Herstellung der Komplexe nach einem einheitlichen Schema durchgeführt. Das Mischungsverhältnis der Komplexlösung wird durch den Quotient von positiven zu negativen Gesamtladungen der beiden Komponenten in der Lösung ausgedrückt. Die tropfenweise Zugabe der zweiten Komponente erfolgte durch das konstante Austrittsvolumen pro Tropfen mittels Eppendorf-Pipette. Für die Durchführung wurde das unterschiedliche Volumen des Gadolinium-Polyoxometalats separat in acht vorgelegten Polymerlösungen zutitriert. Die Ladungsverhältnisse (+/−) nach jeder Zugabe der Gadoliniumpolyoxometalat-Lösung betragen: 1.5, 2, 3, 5, 7, 9, 11 und schließlich 18. Die exakten Volumina der Komplexpartner in den vorgelegten/zugetropften Lösungen wurden gravimetrisch bestimmt und das Mischungsverhältnis entsprechend korrigiert.

30 min nach der Präparation wurde die Lösung mittels dynamischer Lichtstreuung vermessen. Um die Stabilität der gebildeten Komplexe mit der Zeitabhängigkeit näher zu untersuchen, wurden die Lösungen nach 24 Stunden nochmals vermessen, wobei sich bei einigen Proben ein Radienzuwachs einstellte. Die hydrodynamischen Radien der Komplexe als Funktion des Ladungsverhältnis (+/-) sind in Abbildung 4–3 aufgetragen.

4 Komplexbildung und Charakterisierung

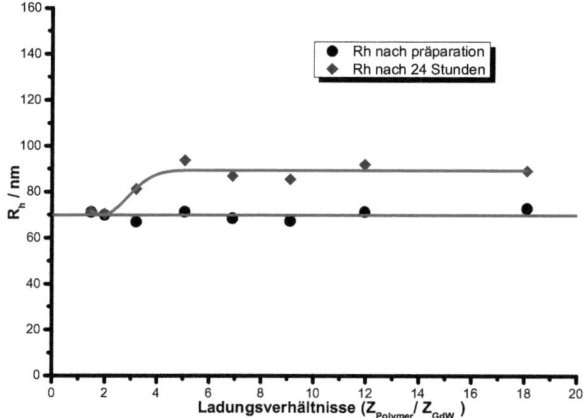

Abbildung 4–3: Vergleich der Komplex-Radien gegen Ladungsverhältnis (+/-) in reinem Wasser

Die hydrodynamischen Radien der Komplexe nach der Präparation verhalten sich bei verschiedenem Mischungsverhältnis ähnlich und liegen zwischen 68 nm und 72 nm. Die Zunahmen des Rh, außer für die Ladungsverhältnisse von 2:1 und 1.5:1, sind nach 24-stündiger Messung über 20% größer als die Anfangswerte. Der starke Anstieg des R_h beweist, dass sich die Topologie der Komplexstrukturen vermutlich durch sekundäre Aggregations- bzw. Agglomerationsprozesse verändert hat. Für die Komplexlösung bei einem Ladungsverhältnis von 2:1 war nach 77 Stunden kein sichtbarer Niederschlag zu beobachten, dabei blieb der hydrodynamische Radius der Komplexlösungen zeitlich konstant (Abbildung 4–4).

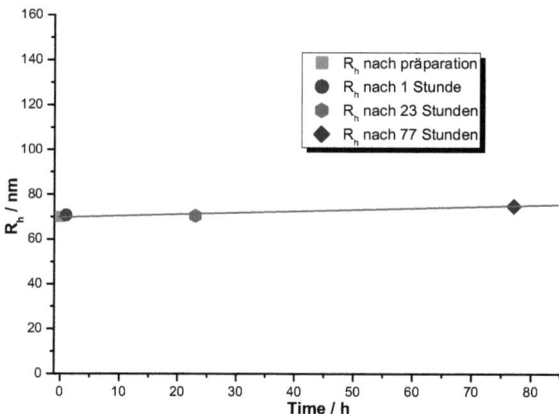

Abbildung 4–4: Zeitabhängige Charakterisierung der Komplexbildung mit einem Ladungsverhältnis von 2:1 in reinem Wasser

Es ist jedoch zu bemerken, dass die gebildeten Komplexe in Lösung als Multi-Ketten-Komplexe vorliegen. Je kleiner das Ladungsverhältnis (+/-) der Komplexlösungen ist, desto schneller liegen die entstehenden Aggregate zeitlich stabil vor. Die Komplexierung beruht auf einer elektrostatischen Wechselwirkung der jeweiligen Komplexpartner durch die Freisetzung der Gegenionen. Das Molekül des Gadolinium-Polyoxometalats besitzt neun negative Ladungen. Aus sterischen Gründen weisen die gebildeten Komplexe direkt nach dem Mischen nicht den maximalen Beladungsgrad Gadolinium-Polyoxometalat pro Polymer auf, wodurch nicht alle negativen Ladungen vollständig abgeschirmt sind. Selbst für einen großen Überschuss an Polymer können nicht alle anionischen Stellen des Gadolinium-Polyoxometalats mit den kationischen Seitenketten belegt werden. Alle mit endlichen Mischungsverhältnissen hergestellten Komplexe werden vermutlich zusätzlich durch Zwischenstufen aus freiem Polymer und unvollständig beladenem komplexiertem Polyoxometalat (Primärkomplexe: mit den freien negativen und positiven Stellen) beschrieben, d. h., in der Lösung bilden sich zuerst viel mehr Ausgangskomplexe (Primär- und Sekundärkomplexe, direkt nach dem Mischen), wobei die Topologie der komplexierten Polymere bei der Komplexbildung durch Rückfaltung zerstört wird (dies lässt vermuten, dass die innere Steifigkeit (Persistenzlänge) eines Polymers durch Komplexierung mit dem kleinen POM sinkt). Um einen maximalen Beladungsgrad des Gadolinium-Polyoxometalats zu erreichen, werden die gebildeten Ausgangskomplexe weiter mit unkomplexierten Polymeren bzw. anderen unvollständig beladenen komplexierten Polyoxometalaten verbrücken, bis schließlich alle negativen Stellen mit dem Polymer kooperativ in Wechselwirkung stehen. Die Zugabe des Gadolinium-Polyoxometalats bewirkt auch in diesem Fall einen Verlust der gestreckten Form der kationischen Seitenketten des Polymers. Die Konformationsänderung der Seitenketten sorgt anschließend dafür, dass in Lösung vorliegende Ausgangskomplex nach der Verbrückung von Primär- und Sekundärkomplexen kompaktiert werden, wodurch die höheren Dichten der Komplexe hervorgerufen werden. Die resultierende kugelförmige Topologie zeigt (Abbildung 4–8 der TEM Aufnahme), dass das Komplexwachstum in allen Raumrichtungen erfolgt. Dieses Wachstum verläuft bis zu dem Punkt, an dem alle negativen Ladungen der an dem Komplex beteiligten Gadolinium-Polyoxometalats-Moleküle nach außen abgeschirmt sind und keine unkomplexierten POM neben Komplexen in der Lösung vorliegen. Daraus resultiert die gefundene Kern-Schale-Struktur, deren Schale aus den teilweise unkomplexierten Polymeren besteht und deren Kerne aus beladenen komplexierten Gadolinium-Polyoxometalat aufgebaut sind. Das Vorliegen einer Polymer-Schale in Gegenwart freier Polymer-Moleküle verhindert das Wachstum der Komplexe und somit das weitere Aggregieren der Strukturen.

Die Komplexlösungen bei den Ladungsverhältnissen von 2:1 und 1,5:1 besitzen mehr Polyoxometalate als Mischung bei dem hohen Ladungsverhältnis ($Z^+_{Polymer}/Z^-_{POM}$). Je mehr POM-Salz in der Lösung vorhanden ist, desto mehr Gegenionen sind auf das Polykation kondensiert und desto schneller sind die Komplexe in der Lösung stabilisiert (siehe Abbildung 4–3). Andererseits muss berücksichtigt werden, dass ein Ausfallen der Komplexe daraus resultiert, wenn die POM-Zugabe nach der Beladungsgrenze des Polymers überschritten wird, wodurch fast alle positiven Stellen des Polymers mit den negativen Ladungen verbrückt werden. Dies wurde bei der Komplexierung mit einem Ladungsverhältnis von 1,1:1 nachgewiesen. Das kritische Ladungsverhältnis von 1,1:1 entspricht dem Mischungsverhältnis der Komplexlösungen, bei denen das sprunghafte Ausfallen von Komplexen aus der Lösung beobachtet wird.

Verdünnung der Komplexlösung

Die vorherigen Untersuchungen zeigen, dass Polykation-POM-Komplexe im Wasser ohne Fremdsalzzugabe mit zunehmenden Gewichtsbrüchen des POMs schneller in einem stabilen Zustand vorliegen (Abbildung 4–3). Die Komplexierung bei einem Ladungsverhältnis von 2:1 (Gewichtsbruch $w_{Polymer}=0,45$) sind in der Lösung zeitlich stabil, es kann bei diesen Komplexen keine signifikante Änderung des Radius festgestellt werden (Abbildung 4–4), was darauf hinweist, dass diese als Kontrastmittel zu MRT-Aufnahme eingesetzt werden könnten. Um zu gewährleisten, dass die Komplexe nach der Verdünnung noch stabil sind, wurde die hergestellte Komplexlösung nach drei Tagen unter den drei Verdünnungsfaktoren von 0,8, 0,6 sowie 0,4 durchgeführt. Abbildung 4–5 zeigt den Vergleich der Korrelationsfunktionen für Komplexlösungen des Ladungsverhältnisses von 2:1 bei einem Streuwinkel von 30° und unterschiedlichen Verdünnungsfaktoren.

Im Vergleich dieser Komplexlösungen ist deutlich zu erkennen, dass die Korrelationsfunktionen nach Verdünnen in erster Näherung ausschließlich von den Komplexen bestimmt werden und die hydrodynamischen Radien im Rahmen des Fehlers übereinstimmen. Bei der Auswertung der dynamischen Lichtstreuung wurde die Korrelationsfunktion bei den verschiedenen Winkeln biexponentiell gefittet und anschließend der Diffusionskoeffizient gegen q^2 aufgetragen. Der apparente Diffusionskoeffizient wurde nach Extrapolation auf q = 0 erhalten. Der hydrodynamische Radius ist von der Konzentration unabhängig. In Abbildung 4–6 werden die Ergebnisse der hydrodynamischen Radien in Abhängigkeit von der Verdünnung gezeigt, wobei ein Mittelwert von 76,3±1,6 nm erhalten wird. Dies bedeutet, dass die zunächst in Wasser vorliegenden Aggregate innerhalb von drei Tagen bereits sehr stark ausgeprägt sind und die Topologie sich durch Verdünnung nicht ändert.

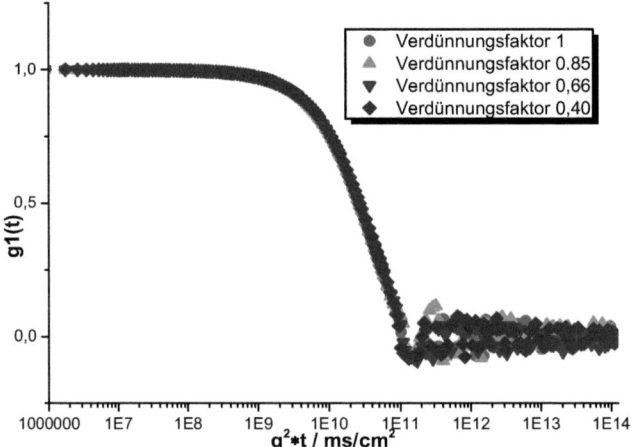

Abbildung 4–5: Vergleich der Korrelationsfunktion bei 30° für Komplexlösungen nach Verdünnen

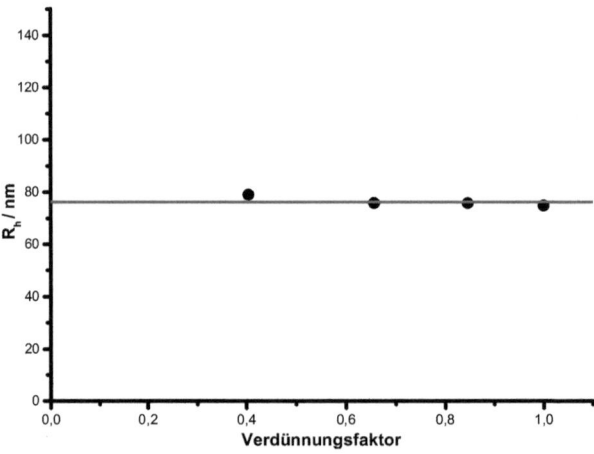

Abbildung 4–6: DLS der Komplexbildung bei einem Ladungsverhältnis von 2:1 in reinem Wasser

Die Ergebnisse der einzelnen aus den Streuexperimenten erhaltenen Streukurven sowie der Extrapolationen der statischen und hydrodynamischen Radien auf $q=0$ zeigt die Tabelle 4–1. Wie in Abbildung 4–6 zu sehen ist, wird nach Zugabe von Wasser zur Komplexlösung der Trägheitsradius der gebildeten Komplexe nicht verändert und entspricht bei

4 Komplexbildung und Charakterisierung

verschiedener Konzentration etwa der Größe des Anfangswerts. Das ρ-Verhältnis liegt zwischen 0,99 und 0,95 und ist somit im Rahmen des Fehlers für die verschiedenen Komplexlösungen gleich. Aus den Quotienten aus Trägheitsradius und hydrodynamischem Radius der Komplexlösungen kann geschlossen werden, dass die aus Gadolinium-Polyoxometalat und kationisch geladenem Polymer gebildeten Interpolyelektrolytkomplexe eine sphärische Topologie der Polykation-POM-Komplexe aufweisen.

Tabelle 4–1: Ergebnisse der statischen und dynamischen Lichtstreuung an den Komplexlösungen

$c_{Polymer+POM}$ / mg/l	R_g / nm	R_h / nm	ρ-Verhältnis
288	74,4	74,9	0,99
244	74,4	75,8	0,98
190	75,4	75,9	0,99
117	74,5	78,6	0,95

Das Streuverhalten ausgewählter Komplexlösungen der Polykation-POM-Komplexe, aufgetragen nach Berry, zeigt Abbildung 4–7. Für die graphische Auswertung wird in diesem Fall die Quadratwurzel von Kc/R_θ gegen $q^2 + kc$ aufgetragen. Die Gleichung des Berry-Plots kann wie folgt geschrieben werden.

$$\sqrt{Kc/R_\theta} = \sqrt{\frac{1}{M_w \cdot P_{(q)}} + 2A_2 \cdot c + 3A_3 \cdot c^2 \cdots} \qquad \text{Gl. 4–1}$$

mit $P_{(q)} = 1 - \frac{1}{3} R_g^2 \cdot q^2$

Einsetzen von $q^2 = 0$ bei $\theta = 0°$ in die Streubeziehung (Gl. 4–1) liefert

$$\sqrt{Kc/R_\theta} = \sqrt{\frac{1}{M_w} + 2A_2 \cdot c + 3A_3 \cdot c^2 \cdots} \approx \sqrt{\frac{1}{M_w}} \cdot (1 + M_w \cdot A_2 \cdot c) \qquad \text{Gl. 4–2}$$

mit dem dritte Virialkoffizient $A_3 = \frac{5}{8} M_w \cdot A_2^2$ für Kulgeln

Bei der hochverdünnten Lösung kann der Berry-Plot näherungsweise über folgende Gleichung ausgedrückt werden.

$$\sqrt{Kc/R_\theta} = \sqrt{\frac{1}{M_w}} \cdot \left(1 + \frac{1}{6} R_g^2 \cdot q^2\right) \qquad \text{Gl. 4–3}$$

Da die Brechungsindexinkremente der Komplexe nicht experimentell bestimmt wurden und nicht literaturbekannt sind, wird der (dn/dc)-Wert in Wasser daraus näherungsweise nach Gl. 4–4 berechnet.

4 Komplexbildung und Charakterisierung

$$\left(\frac{dn}{dc}\right)_{Komplexe} = w_{Polymer} \left(\frac{dn}{dc}\right)_{Polymer} + w_{POM} \left(\frac{dn}{dc}\right)_{POM} \quad \text{Gl. 4-4}$$

mit $\left(\frac{dn}{dc}\right)_{Komplexe}$: Brechungsindexinkrement des Komplexes

$\left(\frac{dn}{dc}\right)_{Polymer}$: Brechungsindexinkrement des Polymers

$\left(\frac{dn}{dc}\right)_{POM}$: Brechungsindexinkrement vom Gadolinium-Polyoxometalat

$w_{Polymer}$, w_{POM}: Massenbruch von Polymer und Gadolinium-Polyoxometalat

Unter Annahme eines Brechungsindexinkrementes von 0,1283 ml/g wird eine Molmasse durch die lineare Extrapolation auf $c = 0$ und $q = 0$ von $2,164 \times 10^8$ g/mol erhalten sowie der zweite Virialkoeffizient A_2 von $8,98 \times 10^{-11}$ mol·dm³/g² ermittelt. Der aus der statischen Lichtstreuung bestimmte zweite Virialkoeffizient (A_2) ist nur schwach positiv, was darauf hinweist, dass das reine Wasser eher ein schlechteres Lösungsmittel für diese Komplexe ist, und das System nahezu Θ-Bedingungen erreicht.

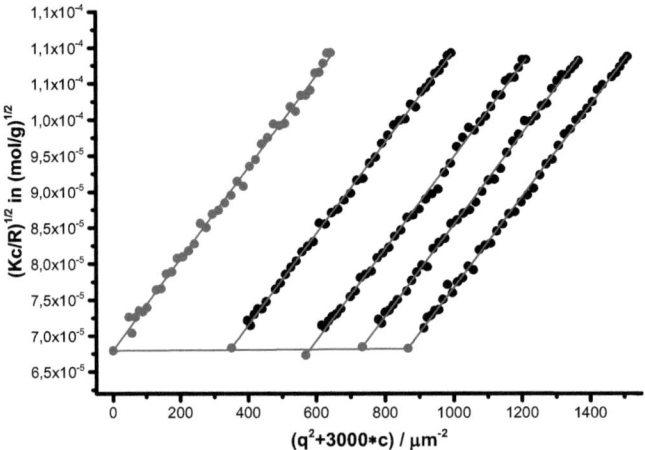

Abbildung 4-7: Berry-Plot der Komplexbildung bei einem Ladungsverhältnis von 2:1 in reinem Wasser; c_1=288 mg/l; c_2=244 mg/l; c_3=190 mg/l; c_4=117 mg/l; R_g=74,8 nm; M_w=2,164×10⁸ g/mol A_2=8,98×10⁻¹¹ mol·dm³·g⁻²; dn/dc= 0,1283 cm³/g

Die Dichte der Komplexe wurde aus dem Trägheitsradius oder dem hydrodynamischen Radius berechnet und wird aufgrund von $R_g/R_h \sim 1$ identisch erhalten. Es zeigt sich, dass die Dichte der Komplexe im Vergleich zu den freien, unkomplexierten Polymeren signifikant erhöht ist. Sie beträgt für die POM-Polymer-Komplexe übereinstimmend ca. 0,2 g/cm³. Die Dichte des unkomplexierten Polymers, welches aus den in Kapitel 3.2.2 gemittelten Molmassen und auf Basis von R_h berechnet wird, besitzt einen Wert von 0,01 g/cm³. Der Vergleich der Dichte der Komplexe mit den freien Polymeren hat gezeigt, dass das

Polymer aufgrund der geringeren Größe des POMs (kleiner als 1nm, 9 Ladungen pro POM) besser kompaktieren kann, wodurch die hohen Dichten der Komplexe hervorgerufen werden.

Tabelle 4-2 zeigt die Ergebnisse der Zeta-Potential-Messungen von Polykation-POM-Komplexen in Wasser ohne NaBr. Das Zetapotential ist eine wichtige Größe für die Charakterisierung der Stabilität von kolloidalen Systemen[85,86]. Zur Bestimmung der Zeta-Potentiale wurde ein Zetasizer Nano ZS der Firma Malvern verwendet. Um die oben beschriebenen Annahmen weiter zu unterstützen und um festzustellen, ob die Ergebnisse der untersuchten Komplexlösung vergleichbar sind, wurde die Konzentration bei den Messungen gleich hoch wie bei den Lichtstreumessungen gewählt. Die untersuchten Komplexlösungen zeigen ein deutlich positives Zeta-Potential, was aufgrund der Amino-Gruppen in den Seitenketten auch zu erwarten ist. Die Werte liegen zwischen 38,5 mV und 50,6 mV, so dass die Komplexe elektrostatisch gut stabilisiert sind, wobei diese eine positive Oberflächenladung besitzen. Die positiven Zeta-Potentiale der Komplexlösung unterstützen die Schlussfolgerung aus den Lichtstreumessungen, dass die Schale der gebildeten kugelförmigen Komplexe aus den teilweisen unkomplexierten Polymeren besteht.

Tabelle 4-2: Zeta-Potential von Komplexbildung in H_2O bei einem Ladungsverhältnis von 2:1 und mit Anfangskonzentration von c=290 mg/l

Verdünnungsfaktor	ξ –Potential / mV
1,0	50,6
0,8	47,6
0,6	45,6
0,4	38,5

Als abbildende Methode wurde die Transmissionselektronenmikroskopie (TEM) und Rasterkraftmikroskopie (AFM) sowie die Rasterelektronenmikroskopie (REM) gewählt. Die identische, bei einem Ladungsverhältnis von 2:1 hergestellte Komplexlösung wurde für die TEM- und AFM-Untersuchungen verwendet. Für die REM-Messung wurde die Komplexlösung separat nach obigem Protokoll hergestellt. Auch dabei wurden die Mischungsverhältnisse grundsätzlich gravimetrisch bestimmt.

Die durch Gefriertrocknung präparierte TEM-Probe ist in Abbildung 4-8 (links) dargestellt. Die Aufnahme bestätigt sehr eindeutig die kugelförmige Topologie der Komplexe, welche schon durch statische und dynamische Lichtstreuung vorausgesagt wurde. Abbildung 4-8 (rechts) zeigt beispielhaft eine Probe dieses Polykation-POM-Komplexes, welche unter

Stickstoffatmosphäre bei Temperaturen um 90 K in einer Cryo-Präparationskammer hergestellt wurde. Die Komplexe haben einen Durchmesser von etwa 140 nm, was der Größe des Aggregats entspricht. Allerdings sind auch kleinere Strukturen auf dem Bild zu erkennen, die auf die Polydispersität der gebildeten Komplexe hinweisen.

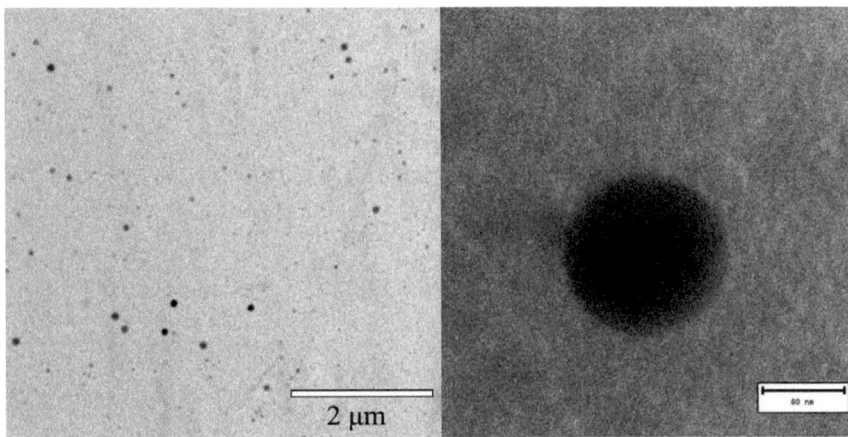

Abbildung 4–8: TEM-Aufnahme der Komplexbildung bei einem Ladungsverhältnis von 2:1 in reinem Wasser

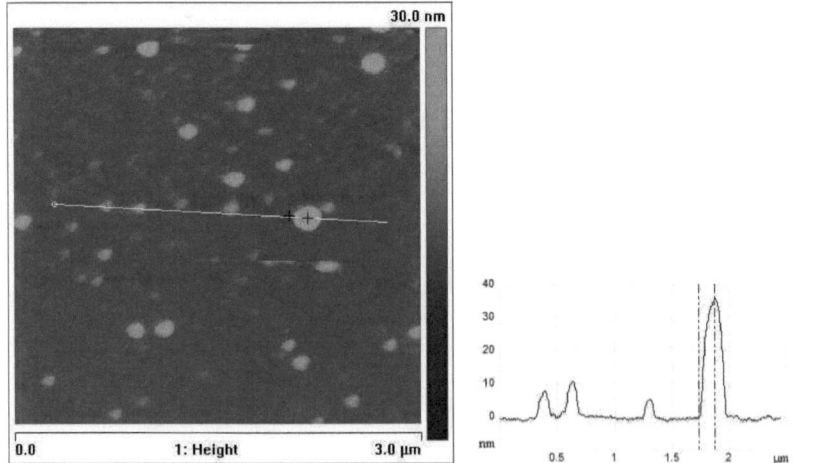

Abbildung 4–9: AFM-Aufnahmen der Komplexe bei einem Ladungsverhältnis von 2:1 in reinem Wasser

Die AFM-Aufnahmen der gebildeten Komplexe befinden sich in Abbildung 4–9. Um die Aggregate mit dem AFM abzubilden, wurden sie aus den Komplexlösungen auf frisch gespaltenen Mica-Oberflächen aufgetragen. Im Gegensatz zu der durch die Cryo-TEM-Aufnahme erhaltenen Abbildung weicht die Größe der Aggregate in Lösung stark von den Ergebnissen der Lichtstreuung ab. Diese Abweichung kann durch die Polydispersität der gebildeten Komplexe begründet werden. Das AFM-Bild zeigt deutlich, dass neben den größeren Aggregaten kleinere Strukturen in der Lösung vorliegen. Die AFM-Aufnahme von Polymer und POM sind im Anhang in Abbildung A 1 und Abbildung A 2 dargestellt und zeigen keine sichtbaren Aggregate in den beobachteten Lösungen. Die AFM-Aufnahmen unterstützen die Schlussfolgerung aus den Lichtstreudaten, dass die gebildeten Aggregate aus den Multi-Komplexe bestehen und ausschließlich kugelförmige Strukturen darstellen.

Die REM-Aufnahme der gebildeten Komplexe, welche auf einem Silicon-Chip durch Gefriertrocknung präpariert wurden, ist in Abbildung 4–10 zu sehen. Die Aufnahme von Komplexen im trockenen Zustand lässt gut erkennen, dass sich der Durchmesser in diesem Fall auf etwa Werte von 40 nm bis 80 nm verkleinert. Dieses Ergebnis erklärt, warum das ρ-Verhältnis durch statische und dynamische Lichtstreuung auf einen Wert zwischen 0,99 und 0,95 erhalten wurde. Der Quotient aus Trägheits- und hydrodynamischem Radius weist daraufhin, dass sich das gebildete Aggregat in der Lösung nicht wie" eine harte Kugel" verhält, sondern dass es im wässrigen Milieu stark gequollen ist und sich wie ein Mikrogel verhält. Die Gefriertrocknung führt durch den Wasserentzug zum Kollabieren der Struktur, wobei die vom Wasser freigegebenen Zwischenräume komprimiert werden und der Durchmesser der gebildeten Aggregate hat abgenommen.

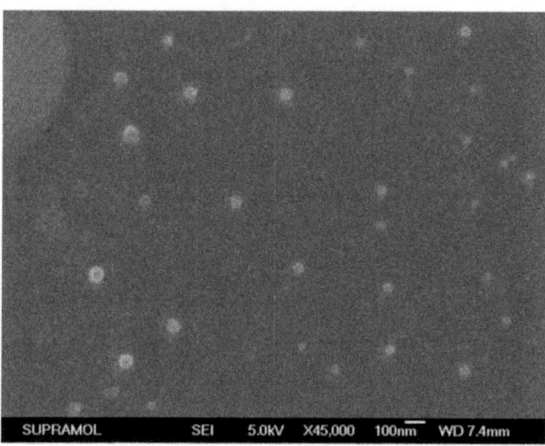

Abbildung 4–10: REM-Aufnahmen der Komplexe bei einem Ladungsverhältnis von 2:1 nach Gefriertrocknung

XPS-Charakterisierung

Im folgenden Abschnitt werden die Komplexe und die beiden Komplexpartner mittels Photoelektronenspektroskopie beschrieben. Die Photoelektronenspektroskopie (XPS) stellt eine der wichtigsten Methoden zur Untersuchung der chemischen Zusammensetzung und der Bindungsverhältnisse dar, macht zugleich aber auch Aussagen über die chemische Umgebung, Bindung und Oxidationsstufe der untersuchten Elemente[87,88]. Die XP-Spektren wurden in Kooperation mit der Universität Jilin an einem MAX-200-Spektrometer der Firma Leybold-Heraeus aufgenommen. Um die Vergleichbarkeit von Messungen an unterschiedlichen Spektrometern zu gewährleisten, wurden die gemessenen Rohdaten auf den Bereich von 0 bis 1 normiert. In der Abbildung 4–11 bis Abbildung 4–13 sind die N1s-, O1s-und W4f-Detailspektren von Komplex, Polymer und Gd-POM dargestellt.

Die Komplexbildung der Polykation-POM kann ebenfalls qualitativ anhand der aufgenommenen XP-Spektren analysiert werden. In den N1s- und O1s-Detailspektren führt diese Komplexierung, bedingt durch die gebildeten verschiedenartigen Stickstoff- und Sauerstoffspezies, zum Auftreten zusätzlicher Signallagen. Laut Literatur[89] treten die Peakmaxima der N1s-Detailspektren bei 401 eV (Abbildung 4–11) auf und werden kovalent bindendem Stickstoff zugeordnet, was auf die Protonierung des sekundären Aminstickstoffs in den Seitenketten hindeutet. Die kleine Schulter in dem N1s-Detailspektrum liegt in einem Bereich von 399 ± 0,4 eV im Falle des Polymers und ist vermutlich für die Verbindungen C≡N und/oder N-C=O der Stickstoff-Spezies verantwortlich. Zur Bestimmung des Einzelsignals wird das Spektrum je nach Anzahl der vorhandenen Spezies mit einer mathematischen Funktion oder der Summe aus mehreren mathematischen Funktionen angepasst. Für die Signalanpassung kommen sowohl die Gauß- als auch die Lorentz-Funktion in Frage. Dafür wurde auf die Auswertung verzichtet, da sie nicht Gegenstand dieser Arbeit war. Das mit Gadolinium-Polyoxometalat komplexierte Polymer führt zum Auftreten zusätzlicher Signallagen in dem N1s-Detailspektrum bei ca. 399,3 eV, welche die partielle Änderung der Umgebung des sekundären Aminstickstoffs durch Komplexierung belegt. In der Abbildung 4–12 sind die O1s-Detailspektren der Gd-POM und Polykation-POM-Komplex zusammengefasst. Das bei etwa 530,3 eV detektierte Signal entspricht den kovalent bindenden Sauerstoffen der Wolfram(VI)oxid- Spezies; die Sauerstoffe des Kristallwassers des Gd-POMs führen zu einer Signallage bei ca. 535 eV. Die bei etwa 532 eV auftretende Schulter ist bei dem Komplex ebenfalls deutlicher ausgeprägt, was auf den teilweise an positive Ladungen gebundenen Sauerstoff der Wolfram(VI)-oxid-Spezies hindeutet.

4 Komplexbildung und Charakterisierung

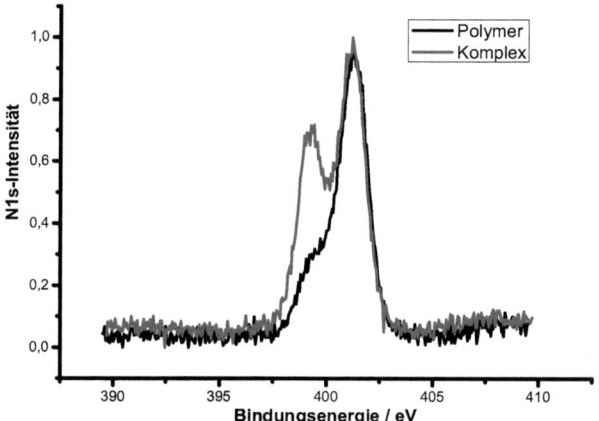

Abbildung 4–11: N1s-Detailspektren von Polymer und Komplex

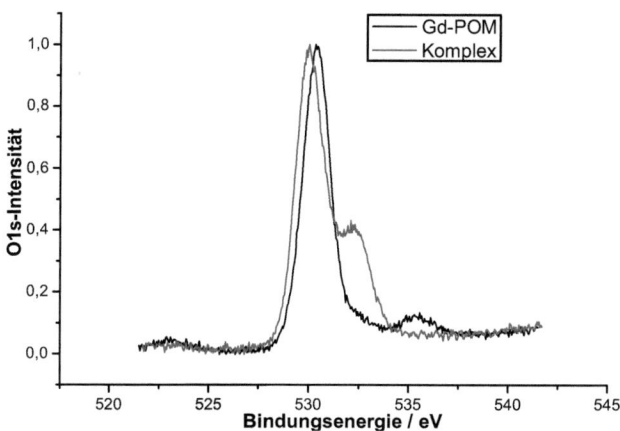

Abbildung 4–12: O1s-Detailspektren Gd-POM und Komplex

In der Abbildung 4–13 sind die vor und nach der Komplexierung von Gd-POM aufgenommenen W4f-Detailspektren dargestellt. Die W4f-Detailspektren zeigen eine Spin-Bahn-Aufspaltung von 2,1 eV. Diese Spin-Bahn-Kopplung führt zu einer Dublettaufspaltung mit einem Intensitätsverhältnis von 4:3. Dieses lässt sich leicht nach dem Sommerfeldschen-Atommodell mittels Pauli'schem Ausschlussprinzip erklären. Das Elektron selbst kann nur zwei Spinquantenzahlen annehmen: $s = +\frac{1}{2}, -\frac{1}{2}$, d.h. der Elektronenspin parallel ($s = 1/2$) und/oder antiparallel ($s = -1/2$) ausgerichtet werden. Somit resultiert ein Gesamtdrehimpuls j aus der Summe der Nebenquantenzahl l und der Spinquantenzahl s: Dadurch können sich Eigenzustände aus der Gesamtdrehimpulsquantenzahl $l+\frac{1}{2}$ und $l-\frac{1}{2}$ bilden. Für das W4f mit dem Bahndrehimpuls von l = 3, ergibt sich ein Gesamtbahndrehimpuls von j = 7/2 bei paralleler und j = 5/2 bei antiparalleler Ausrichtung des Elektronenspins. Die zwei verschiedenen Energiezustände führen zu einer Dublettaufspaltung des W4f-XPS-Signals. Das Intensitätsverhältnis dieser $W4f_{7/2}$- und $W4f_{5/2}$-Peaks lässt sich nach der Besetzungswahrscheinlichkeit der Energiezustände durch die Multiplizität M = 2j +1 erklären[90].

Die Bindungsenergie eines Elektrons ist nicht nur von der Kernladung bzw. Ordnungszahl, sondern auch von seiner chemischen Umgebung abhängig. Nach der Komplexierung tritt das Dublett mit einer Verschiebung um 0,85 eV auf. Der XPS-Untersuchung des W4f-Detailspektrums des Komplexes kann kein unkomplexiertes Gadolinium-Polyoxometalat in Lösung (bei Ladungsverhältnis von 2:1) nachgewiesen werden. Ein Signal des unkomplexierten POMs im W4f-Detailspektrum der Komplexe ist nicht detektierbar, d.h. in dem untersuchten System sind keine freien POM-Moleküle vorhanden und alle zugegebenen POM-Moleküle sind mit Polymer komplexiert.

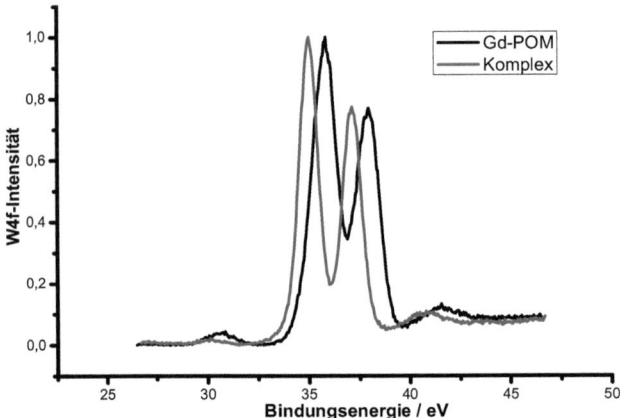

Abbildung 4–13: W4f-Detailspektren von Gd-POM und Komplex

Die Verschiebung kann auf die Änderung der Elektronendichte an der Wolframstoffspezies zurückgeführt werden. Elektropositive Nachgruppen des Polymers erniedrigen die Elektronendichte am Zentralmetallatom des Wolframoxids. Die Bindungsenergie des 4f-Orbitals wurde nach Zugabe der positiven Ladungen des Polymers verringert, was durch die σ-Donor-Wechselwirkung mit dem Metallatom bindenden Charakter erhält. Somit wird eine Verschiebung in Richtung niedrigerer Bindungsenergie verursacht[91,92]. Dies ist analog zu der Verschiebung der Bindungsenergien in den N1s- und O1s-Spektren.

4 Komplexbildung und Charakterisierung

4.1.2 Komplexierung in Wasser unter Zusatz von Fremdsalz

Für die Anwendung der Komplexe in Bioversuchen muss deren Stabilität und Struktur auch bei physiologischem Salzgehalt sichergestellt sein. Im folgenden Abschnitt wurde die Komplexierung von Gadolinium-Polyoxometalat mit dem positiv geladenen Polymer in Wasser unter Zusatz von 150 mM NaCl untersucht. Dazu wurden die beiden Komplexpartner jeweils in zusätzlich 150 mM NaCl gelöst. Die untersuchten Komplexlösungen wurden separat durch Titration von Gd-POM in der vorgelegten Polymerlösung mit unterschiedlichen Ladungsverhältnissen hergestellt. Um zu gewährleisten, dass die in Kapitel 4.1.1 beobachteten Aggregationsverhältnisse vergleichbar sind, wurde die Komplexbildung auch mittels dynamischer Lichtstreuung hinsichtlich ihrer zeitlichen Stabilität überprüft. Hierbei wurde jedes Mischungsverhältnis direkt in den Lichtstreuküvetten über einen Zeitraum von zwei Tagen beobachtet. Die hydrodynamischen Radien verhalten sich bei unterschiedlichem Mischungsverhältnis ähnlich ihrem Anfangswert, außer bei einem Ladungsverhältnis von 1:1, welches direkt das Ausfallen von Partikeln aus der Lösung beobachten lässt.

Die Komplexbildung in Wasser unter Zusatz von 150mM NaCl scheint stark von dem Mischungsverhältnis der Komplexpartner abhängig zu sein. Abbildung 4–15 zeigt den Vergleich der Korrelationsfunktionen für Komplexlösungen unter Zusatz von 150 mM NaCl bei einem Streuwinkel von 30°. Die Ergebnisse der hydrodynamischen Radien, für alle Komplexlösungen gegen die Ladungsverhältnis (+/-), sind in Abbildung 4–14 graphisch dargestellt.

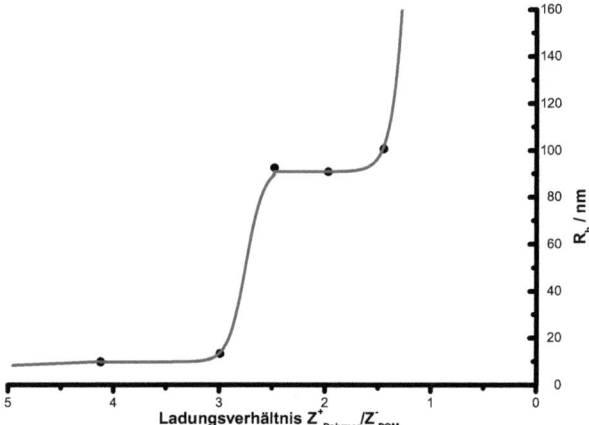

Abbildung 4–14: Vergleich der Komplex-Radien gegen Ladungsverhältnis (+/-) in 150 mM NaCl-Lösung

4 Komplexbildung und Charakterisierung

Der Graph (Abbildung 4–14) stellt die apparenten hydrodynamischen Radien der Aggregate in Abhängigkeit von dem jeweiligen Ladungsverhältnis dar. Die Verläufe der hydrodynamischen Radien zeigen drei Bereiche. Zuerst nehmen die hydrodynamischen Radien relativ zum freien Polymer zu, dann durchlaufen sie eine Stufe um schließlich in der Folge leicht zu steigen, bis bei Ladungsverhältnis (+/-) 1:1 eine Fällung beobachtet wird.

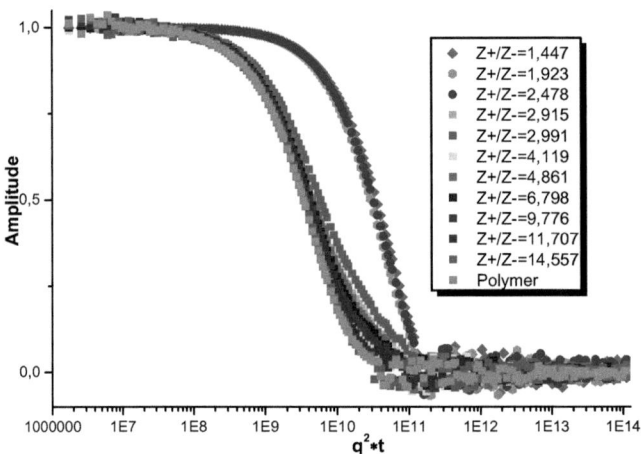

Abbildung 4–15: Vergleich der Korrelationsfunktionen für Komplexlösungen unter Zusatz von 150 mM NaCl

Im Fall der Komplexbildung unter Zusatz von 150 mM NaCl zeigen die Korrelationsfunktionen ebenfalls drei Bereiche, wie am Beispiel der Korrelationsfunktionen der Polykation-POM-Komplexe bei einem Streuwinkel von 30° in Abbildung 4–15 verdeutlicht wird. Liegt der Hauptanteil der vorgelegten Polymere unkomplexiert in der Lösung vor (Bereich I), ist der Einfluss des komplexierten Polymer-POM auf die Korrelationsfunktion vernachlässigbar, da der Beitrag der Komplexe zur Gesamtstreuintensität gegenüber dem Beitrag der unkomplexierten Polymere vernachlässigbar ist. So sind die hydrodynamischen Radien der unter POM-Zugabe gebildeten Komplexe unabhängig davon, wie viel POM bereits zugegeben wurde. Überschreitet der Anteil komplexierter Polymere einen bestimmten Wert, so steigt der Mittelwert des hydrodynamischen Radius bei POM-Zugabe (Bereich II). Damit weisen die Korrelationsfunktionen der Komplexlösung deutlich die Unterschiede auf, und beweisen, dass der zusätzliche Abfall durch einen slow-mode hervorgerufen wird und nicht durch eine kontinuierliche breite Verteilung von Diffusionskoeffizienten. Ist schließlich kein unkomplexiertes Polymer mehr in der Lösung vorhanden (Bereich III), so erfolgt eine sprunghafte Ansteigung der Größe der gebildeten Komplexe. Eine biexponentielle

4 Komplexbildung und Charakterisierung

Anpassung dieser Korrelationsfunktionen liefert einen hydrodynamischen Radius ~90 nm. Durch weitere POM-Zugabe wird schließlich eine Fällung aus der Lösung beobachtet. Der Vergleich der dynamischen Lichtstreuung von Abbildung 4–3 und Abbildung 4–14 veranschaulicht sehr deutlich, dass sich durch Salzzugabe das Auftreten der Aggregation im Vergleich zur Komplexierung in reinem Wasser nach Ladungsverhältnis (+/-) von 2,5:1 verschiebt, was mit einer Abschirmung der Ladungen durch die Fremdsalze bzw. der Änderung des Dissoziationsgrads des Polyelektrolyts erklärt werden kann. Die Untersuchung der Interpolyelektrolyt-Komplexbildung unter Einfluss von Fremdsalz ist von Korinna Krohne im Rahmen ihrer Dissertation diskutiert worden[93]. Durch dieses in 150 mM NaCl-Lösung durchgeführte Experiment wird nochmals verdeutlicht, dass die Ladungsdichte der Polymere einen entscheidenden Einfluss auf den Komplexierungsprozess hat.

Im Vergleich zu den zuvor beschriebenen Komplexbildungsexperimenten in reinem Wasser, wurde die Komplexlösung bei einem Ladungsverhältnis von 2:1 auch nach drei Tagen durch statische und dynamische Lichtstreuung charakterisiert. Bei der Komplexlösung war nach 67 Stunden kein sichtbarer Niederschlag zu beobachten, wobei der hydrodynamische Radius der Komplexlösungen zeitlich konstant blieb. Der hydrodynamische Radius (R_h) des Aggregats, welcher durch eine biexponentielle Anpassung bestimmt wurde, hat einen Mittelwert von 90 nm (Abbildung 4–16).

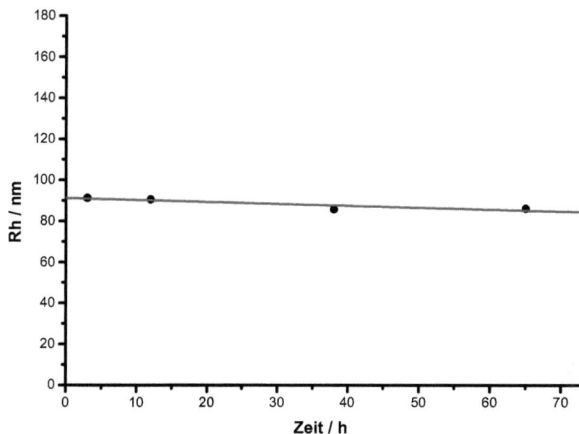

Abbildung 4–16: Zeitabhängige Charakterisierung der Komplexbildung mit einem Ladungsverhältnis von 1,92:1 in 150 mM NaCl-Lösung

Um dieses Aggregationsverhalten zu verdeutlichen, wurde die Komplexlösung direkt in den Lichtstreuküvetten mehreren Verdünnungsschritten unterworfen. Die Komplexlösun-

4 Komplexbildung und Charakterisierung

gen wurden nach jedem Titrationsschritt durch statische und dynamische Lichtstreuung charakterisiert. Bei der Auswertung der dynamischen Lichtstreuung wurde die Korrelationsfunktion bei den verschiedenen Winkeln biexponentiell gefittet und anschließend der Diffusionskoeffizient gegen q^2 aufgetragen. Der apparente Diffusionskoeffizient wurde nach Extrapolation auf $q = 0$ erhalten. Die statischen Lichtstreudaten wurden nach Berry extrapoliert.

Die Ergebnisse der hydrodynamischen Radien gegen den Verdünnungsfaktor sind in Abbildung 4–17 aufgetragen und zeigen einen Mittelwert von 89±2,5 nm, wobei diese von der Konzentration unabhängig sind. Dies bedeutet, dass die zunächst in 150mM NaCl vorliegenden Aggregate innerhalb von drei Tagen bereits sehr stark ausgeprägt sind und die Topologie durch Verdünnung nicht beeinflusst wird.

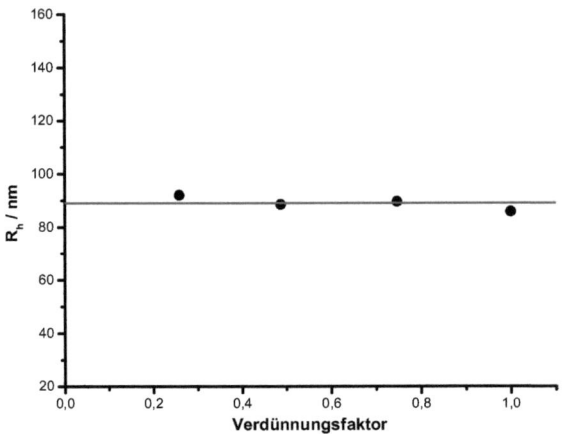

Abbildung 4–17: DLS der Komplexbildung bei einem Ladungsverhältnis von 1,92:1 in 150 mM NaCl-Lösung

Die aus der statischen Lichtstreuung erhaltenen Berry-Auftragungen sind in Abbildung 4–18 gezeigt. Bei dem untersuchten Mischungsverhältnis erhält man linear nach Berry extrapolierbare statische Streukurven. Das Brechungsindexinkrement der Komplexe wurde aus den *(dn/dc)*-Werten der Ausgangskomponenten in den entsprechenden Lösungsmitteln (150 mM NaCl) nach Gl. 4–4 näherungsweise bestimmt. Unter Annahme eines Brechungsindexinkrementes von 0,1283 ml/g wird eine Molmasse durch die lineare Extrapolation auf $c = 0$ und $q = 0$ von $2,994 \cdot 10^8$ g/mol erhalten. Bei dem zweiten Virialkoeffizient A_2 von $-1,861 \cdot 10^{-11}$ mol·dm³/g², welcher durch Steigungen der Extrapolation $(Kc/R_\theta)_{\theta=0}$ gegen c ermittelt wird, kann eine deutliche Verschlechterung der Lösungsmittelqualität festgestellt werden. Der durch statische Lichtstreuung ermittelte Trägheitsradius des Aggregats liegt bei etwa 93 nm. Das Verhältnis von Trägheitsradius zu hydrodynamischem Radius nimmt im Rahmen des Fehlers einen Wert von 1,0 an, ein typischer Wert für polydisperse Kugeln. Dies entspricht den in Kapitel 4.1.1 in reinem Wasser durch Komplexierung bei einem Ladungsverhältnis von 2:1 erhaltenen Aggregaten.

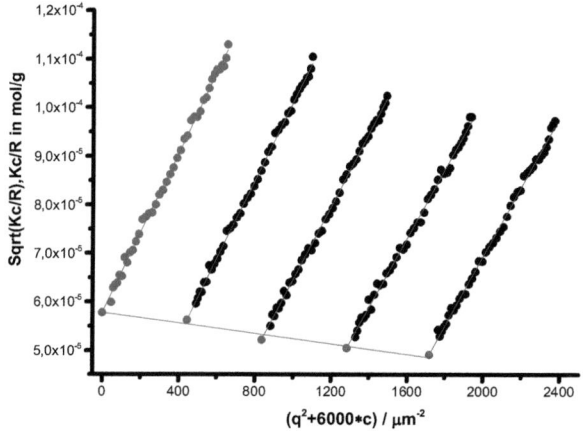

Abbildung 4–18: Berry-Plot der Komplexbildung bei einem Ladungsverhältnis von 1,92:1 in 150 mM NaCl-Lösung; R_g= 92,7 nm; A_2= -1,861·10^{-9} mol·dm^3·g^{-2}

4.1.3 Toxizitätstest

In diesem Abschnitt werden die zytotoxischen Wirkungen des Polyhexylsperminacrylamids (PHSAM), des POMs sowie des Komplexes untersucht. Die Experimente wurden in Kooperation mit der Jilin Universität an murinen Makrophagen und HeLa-Zervixkarzinomzelllinie (ATCC: CCL-2) durchgeführt. Als murine Zelllinie wurden die Mausmakrophagen der RAW 264.7 (ATCC TIB-71) verwendet. Die verwendeten Zelllinien wurden als Monolayer in Zellkulturflaschen mit einer Wachstumsfläche von 75 cm^2 bei 37 °C im Brutschrank mit 5 % CO$_2$ in einer wasserdampfgesättigten Atmosphäre kultiviert. Als Kulturmedium wurden 5 mM L-Glutamin supplementiertes DMEM (4500mg/L D-Glukose, + L-Glutamin, Natrium-Pyruvat, Natrium-bicarbonat) und mit 10 % (v/v) FCS (10 % fötales Kälberserum) verwendet. Die Zellkulturen wurden bei Erreichen von 70 % bis 90 %-iger Konfluenz passagiert. Dazu wurden die murine Zelllinie dreimal pro Woche und die HeLa-Zelllinie einmal pro Woche passagiert. Das Passagieren der Zellen (Subkultivierung) erfolgt durch sogenanntes „Abtrypsinieren" unter Standardbedingungen[94]. Dabei wird die murine Zelllinie 1:3 und die HeLa-Zelllinie 1:100 verdünnt. Zur Kryokonservierung wurde das Zellkulturmedium abgekippt, die Zellen wurden zentrifugiert, in gewünschter Konzentration mit dem Kulturmedium versetzt und in Kryoröhrchen aliquotiert. Anschließend wurden die Zellen 8 h bei -20 °C und dann bei -80 °C bis zur dauerhaften Konservierung in flüssigem N_2 gelagert.

Der Nachweis einer Zytotoxizität erfolgt entweder durch die Bestimmung der Zahl lebender Zellen oder durch Bestimmung der metabolischen Aktivität der Zellen. In der nachfolgenden Arbeit wurde die Viabilität der verwendeten Zellen durch MTT-Assay[95,96,97] analysiert. Dieser Test bestimmt die Zellviabilität (Metabolisierungsrate) durch die Zugabe reproduzierbarer Materialien, deren Endprodukte spektroskopisch messbare Färbungen aufweisen[98]. Hierbei wurde der gelbe Farbstoff des MTT-Reagenz 3-(4,5-dimethyl-thiazoyl-2-yl)-2,5-diphenyltetrazolium-Bromid in lebenden Zellen durch membran-gebundene, mitochondriale Succinat-Dehydrogenasen am Tetrazolring enzymatisch gespalten und in wasserunlösliche blau-violette Formazankristalle überführt[99]. Die Succinat-Dehydrogenase ist ein mitochondriales Enzym des Citratzyklus, welches die Umwandlung von Succinat zu Fumarat katalysieren kann (Abbildung 4–19). Wird die Zelle durch Inkubation mit einer zytotoxischen Verbindung geschädigt, verliert sie die Integrität der Membran und die mitochondrial lokalisierte Dehydrogenase kann unter diesen Bedingungen nicht mehr arbeiten. Es wird wenig oder kein Formazan gebildet.

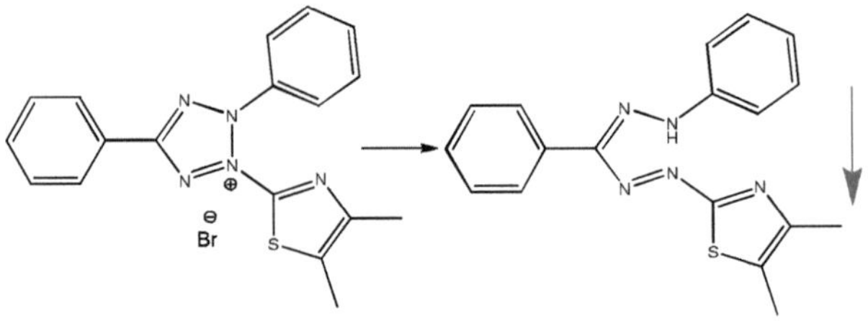

Abbildung 4–19: Spaltung des wasserlöslichen Tetrazoliumsalzes MTT am Tetrazolring durch mitochondrale Succinat-Dehydrogenasen und Bildung des wasserunlöslichen, blau-violetten Formazans

Zur Versuchsdurchführung mussten vor Beginn des Versuchdurchlaufs verschiedene Lösungen vorbereitet werden. Die Testsubstanzen, in diesem Fall Polymer und POM-Gd wurden direkt im Kulturmedium gelöst. Die in reinem Wasser hergestellten Komplexe wurden nach Gefriertrocknung mit dem Kulturmedium versetzt. Die Lösungen der Testsubstanzen wurden jeweils unmittelbar vor ihrer Verwendung frisch hergestellt. Das MTT-Reagenz wurde frisch in Zellmedium mit einer Konzentration von 5 mg/ml eingestellt. Die Lösung wurde steril filtriert, wobei gleichzeitig bereits reduziertes MTT entfernt wurde.

Die Lagerung erfolgt bei 4 °C im Dunkeln. In jede zu untersuchende Vertiefung der Mikrotiter-Platte wurden 20 µl sterile MTT-Lösung (Endkonzentration: 0,5 mg/ml) pipettiert. Bei diesem Versuch wurden in 96-Well-Platten verschiedene Konzentrationen der Testsubstanzen an den untersuchten Zellen eingebracht. Es wurden Anfangszellzahlen von 40000 pro Well gewählt. Die Testsubstanzen wurden mit Kulturmedium in verschiedenen Konzentrationen eingestellt und auf jeder Well mit jeweils der gleichen Zellzahl von 2×10^5 Zellen/ml hergestellt, und anschließend bei 37 °C im Brutschrank unter 5 % CO_2 mit unterschiedlichen Inkubationszeiten bebrütet. Nach Zugabe des MTT-Reagenz wurden die Zellen für weitere zwei Stunden im Brutschrank bei 37 °C, 5 % CO_2 und 96 % Luftfeuchtigkeit inkubiert. Die gebildeten wasserunlöslichen, blau-violetten Formazankristalle wurden mit Dimethylsulfoxid aus den Zellen herausgelöst und spektrophotometrisch bei 570 nm im Absorptions-Reader quantifiziert. Je niedriger hierbei die gemessene Absorption war, desto weniger Formazan war von den Zellen gebildet worden, d.h. desto niedriger war die Vitalität.

Nach der MTT-Messung erhielt man pro Well einen Wert für die optische Dichte der Probe, welche mit Hilfe eines Photometers am ELISA-Plate-reader bestimmt wurde. Die Photometrie ist ein spektrales Untersuchungsverfahren für quantitative Analysen von vitalen Zellen. Sie basiert auf der Grundlage der Abhängigkeit der Absorptionsintensität von den sich im Strahlengang befindlichen Teilchenzahlen. Zur Auswertung wurden die Extinktionswerte des umgewandelten Farbstoffes der mit Testsubstanz behandelten Proben mit den unbehandelten Proben verglichen. Die Mittelwerte der Extinktionswerte sind dann ebenfalls pro Testsubstanz für jede Konzentration aus fünf Versuchen berechnet worden. Die Vitalität (VT) der mit Testsubstanz behandelten Proben kann näherungsweise über folgende Gleichung (Gl. 4–5) ausgedrückt werden, außerdem kann noch die Zytotoxizitäten (CT) aus dem gemessenen Extinktionswert bestimmt werden.

$$VT = \frac{X_i}{X_0} \times 100\% \quad \text{und} \quad CT = \frac{X_0 - X_i}{X_0} \qquad \text{Gl. 4–5}$$

X_0 = Mittelwert der Absorptionen der Zellkontrolle und X_i = Mittelwert der Absorptionen der mit Testsubstanz behandelten Zellen

In Abbildung 4–20 sind die zytotoxischen Kenngrößen für verschiedene Konzentrationen des Polymers, mit unterschiedlichen Inkubationszeiten, vergleichend dargestellt. Hierbei sagen die kleinen Werte der Vitalität aus, welche Stoffe am toxischsten sind, da über 40 % der Zellen bereits bei der kleinsten Konzentration nach einer Stunde absterben. Außerdem wird deutlich, dass bei den untersuchten Konzentrationen eine ähnlich starke Zytotoxizität nach Inkubation von 5 und 25 Stunden beobachtet wird und die Überlebensraten bei 16 % bis 23 % liegen.

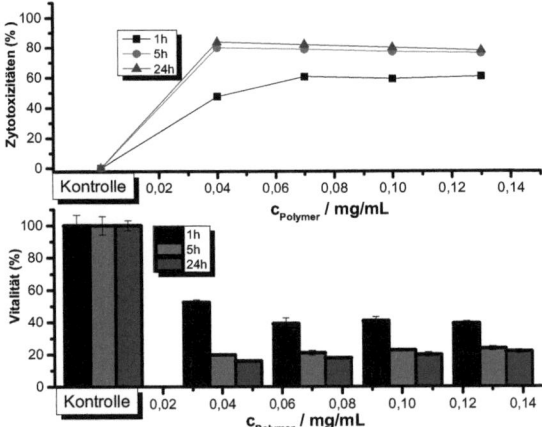

Abbildung 4–20: Zytotoxizität und Vitalität des Polymers an RAW 264.7

Makrophagen-Zellen wurden für 24 Stunden mit POM-Gd inkubiert und die Zytotoxizität zu verschiedenen Zeitpunkten bestimmt. Daraus zeigt sich mit steigender Konzentration sowohl bei einstündiger Exposition als auch nach 24 stündiger Exposition lediglich eine geringe Zytotoxizität, wie aus Abbildung 4–21 ersichtlich ist.

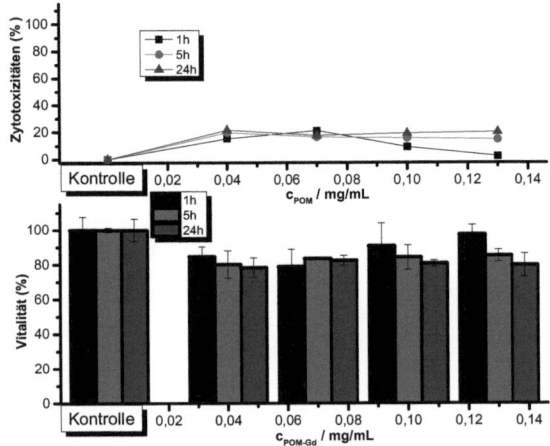

Abbildung 4–21: Zytotoxizität und Vitalität von POM-Gd an RAW 264.7

Man sieht deutlich, dass in diesem Fall längere Inkubationszeiten bei unterschiedlichen Konzentrationen die Zytotoxizität nicht signifikant erhöhen. Bei kürzerer Inkubationszeit

4 Komplexbildung und Charakterisierung

ist nach der ersten Stunde eine Erhöhung der Vitalität mit steigender Konzentration des POMs, um 21,2 % bei einer Konzentration von 0,07 mg/ml auf 2,3 % bei einer Konzentration von 0,13 mg/ml zu bemerken. Warum die Zellen nach einer Stunde Inkubation eine steigende Vitalität mit Zunahme der Konzentration des POMs aufweisen, kann auf Basis der experimentellen Daten nicht verstanden werden.

Abbildung 4–22 und Abbildung 4–23 zeigen die zytotoxischen Kenngrößen der Komplexe an Makrophagen- und HeLa-Zellen. Die HeLa-Zellen zeigen keine hohe Empfindlichkeit für Polykation-POM-Komplexe, deren toxische Wirkung einen Anteil toter Zellen von maximal 24 % erkennen ließ. Der Effekt scheint auch unabhängig von der Konzentration (0,07 mg/ml bis 0,28 mg/ml) zu sein. Im Gegensatz dazu reagieren Makrophagen-Zellen auf die Behandlung mit den Komplexen mit hoher Sensitivität. Die zytotoxische Wirkung führt nach einer Stunde zu einem 60 % igen Vitalitätsverlust auch bei nur geringen Konzentrationen von 0,7 mg/ml, verglichen mit der Wirkung auf die HeLa-Zellen mit nur ca 2 % igem Vitalitätsverlust. In der höchsten verwendeten Konzentration von 0,28 mg/ml sinkt die Vitalität nach einer Stunde Inkubation auf unter 20 %, nach 48 Stunden sogar auf ungefähre 10 %, im Vergleich zur Kontrolle. Die Behandlung der Makrophagen-Zellen zeigt mit Komplexen eine deutliche Dosis-Abhängigkeit bei kleinerer Inkubationszeit gegenüber einer geringen Dosis-Wirkungs-Beziehung nach längerer Inkubationszeit, je länger die Inkubationszeit dauert, desto kleiner wird die Vitalitätsrate.

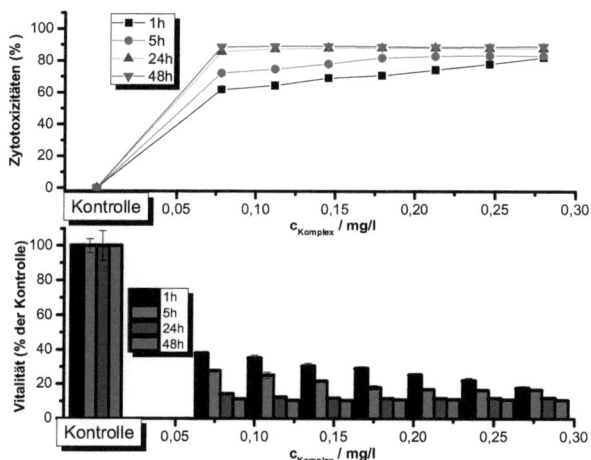

Abbildung 4–22: Zytotoxizität und Vitalität der Komplexe an RAW 264.7

4 Komplexbildung und Charakterisierung

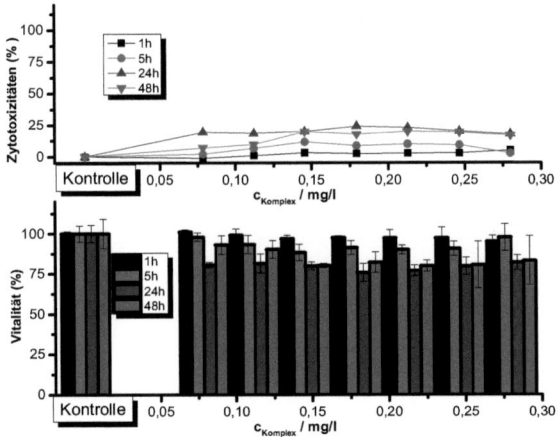

Abbildung 4–23: Zytotoxizität und Vitalität der Komplexe an HeLa-Zellen

4.1.4 MRT–Charakterisierung der Komplexbildung

Die MRT-Charakterisierung ist ein bildgebendes Verfahren zur Darstellung von Strukturen im Inneren des Körpers. Gadolinium-Kontrastmittel wurde seit 1988 für die medizinische MRT-Untersuchung verwendet, durch Zugabe des Kontrastmittels kann die Bildqualität einer MRT-Aufnahme erheblich verbessert werden. Für die Kontrastverstärkung durch Kontrastmittel spielt hier die Beeinflussung der Relaxationszeiten der Protonen eine wichtige Rolle. Die Relaxivitäten (R) sind ein Maß für die Fähigkeit eines Kontrastmittels und unabhängig von dessen Konzentration, welche durch den Kehrwert der Relaxationszeit in Konzentration von ein Mol der Substanz pro Liter Wasser mit der Einheit $mM^{-1} \cdot s^{-1}$ definiert wird[100]. Die Relaxivität kann mit Hilfe der NMR-Spektroskopie aus den gemessenen Relaxationszeiten der Konzentrationsreihen des Kontrastmittels nach Gl. 4–6 berechnet werden[101,102].

$$1/T_{Obs} = 1/T_d + R[P] \qquad \text{Gl. 4–6}$$

$1/T_d$ ist dabei die Relaxationszeit ohne Kontrastmittel in der Lösung, $1/T_{Obs}$ steht für die Relaxationszeit der Probe mit dem Kontrastmittel der Konzentration [P]. Durch Auftragung von $1/T_{Obs}$ gegen [P] kann die Relaxivität der Testsubstanz mit Steigungen der Extrapolation [P]→0 festgestellt werden. Je höher der R-wert, desto besser tritt das Kontrastmittel mit den umgebenden Protonen in Wechselwirkung. Somit verkürzt sich die Protonenrelaxationszeit, wodurch das Kontrastmittel zu einem höheren Signal führt. Damit kann man

4 Komplexbildung und Charakterisierung

geringere Dosen des Kontrastmittels einsetzen und so insbesondere die toxischen Nebenwirkungen verringern[103]. Die Relaxivität des klinischen eingesetzten Gadolinium-Kontrast-Mittels von GdDTP besitzt einen R_1-Wert von 5,25mM^{-1}·s^{-1} und ist damit ungefähr 25% im Vergleich zu Gadolinium-Polyoxometalat (R_1=6,89 mM^{-1} s^{-1}) geringer, welches unter identischen Bedingungen in D$_2$O bestimmt wurde[104,105].

Um die Relaxivitäten weiter zu verbessern und damit den Kontrast im MRT-Bild weiter zu erhöhen, wurde das Gadolinium-Polyoxometalat mit den polyvalenten kationischen Polymeren bei einem Ladungsverhältnis von 1:2 nach Komplexierung untersucht. Die Experimente wurden in Kooperation mit der Universitätsmedizin Jilin durchgeführt. Die Bilder wurden mit einem Gyroscan ACS-NT Powertrak 6000 (Philips, The Best Netherlands) Ganzkörpertomographen mit einer Feldstärke von 1,5 Tesla aufgenommen und eine speziell angefertigte Handgelenk-Spule (Medical Advances, Milwaukee, U.S.A.) verwendet. Um zu gewährleisten, dass die Signaleffekte der Testsubstanzen vergleichbar sind, wurden die untersuchten Lösungen in den Konzentrationsreihen 0, 0.04, 0.06, 0.08, 0.1, 0.12, 0.14 und 0.16 mg/ml bezogen auf den Gadoliniumgehalt hergestellt. Die MRT-Aufnahmen der gebildeten Komplexe, die durch die Komplexierung in reinem Wasser und in 150 mM NaCl-Lösung erhalten wurden, sind in Abbildung 4–24 im Vergleich zu der entsprechenden Konzentration des Gadolinium-Polyoxometalat dargestellt. Hierbei zeigt die Intensität der hergestellten Polykation-POM-Komplexe im Vergleich zu den reinen Gadolinium-Polyoxometalat-Lösungen einen wesentlich höheren Kontrast. Mit der ansteigenden Helligkeit durch die Komplexbildung bei MRT-Aufnahme bleibt festzuhalten, dass die Relaxivität des analogen Gadolinium-Polyoxometalat durch Komplexierung mit dem kationischen Polymer erheblich verbessert werden kann. Auf die quantitative Bestimmung der Relaxivitäten der hergestellten Komplexe wurde in dieser Arbeit aus zeitlichen Gründen verzichtet.

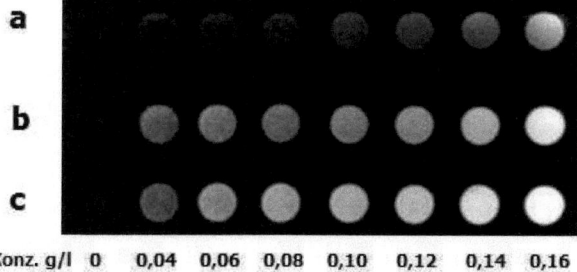

Abbildung 4–24: MRT-Aufnahme a) GdW10 in reinem Wasser; b) Komplexe in reinem Wasser; c) Komplexe in 150 mmol NaCl-Lösung

4.1.5 Zusammenfassung von Kapitel 4.1

Die Komplexierung von Gadolinium-Polyoxometalat mit kationisch geladenem Polymer PHASM wurde in reinem Wasser und in physiologischem Salzgehalt mit unterschiedlichen Ladungsverhältnissen untersucht.

Das tropfenweise Zugeben von Gadolinium-Polyoxometalat-Lösung zu einer vorgelegten Polymer-Lösung (unter Rühren), führt in reinem Wasser sowie in 150 mM NaCl Lösung bei einem Ladungsverhältnis von ungefähr 2 zu 1 (Gewichtsbruch $w_{Polymer} = 0{,}45$) zu stabilen Komplexen, wobei der hydrodynamische Radius der Komplexlösungen zeitlich über mehr als 70 h konstant bleibt. Die XPS-Charakterisierung an den in reinem Wasser gebildeten Komplexen hat gezeigt, dass dabei kein freies unkomplexiertes Gadolinium-Polyoxometalat mehr in den Komplexlösungen vorhanden ist, die Komplexierung also quantitativ verläuft.

Statische und dynamische Lichtstreuung beweist die sphärische Struktur der gebildeten Gd-Komplexe, die auch durch unterschiedliche Bildmethoden (AFM-, TEM- sowie REM) bestätigt wird. Die Stabilität der Komplexe und ihre sphärische Topologie, sowie Molmasse und Radien aus der Lichtstreuung legen es nahe eine Kern-Schale-Struktur anzunehmen, deren harter Kern durch mehrere mit Gadolinium-Polyoxometalate verbrückte Polymere gebildet wird und deren Schale aus mehr oder weniger freien polykationischen Ketten besteht. Die erhaltene Struktur ist also eine „haarige Kugel" (hairy sphere), die durch Coulomb-Repulsion und sterische Wechselwirkung (Depletion) stabilisiert wird, wobei diese eine positive Oberflächenladung besitzen.

Die zytotoxischen Wirkungen des Komplexes wurden an Makrophagen-Zellen sowie den HeLa-Zellen durch MTT-Assay untersucht, wobei die HeLa-Zellen keine hohe Empfindlichkeit für Polykation-POM-Komplexe im Gegensatz zum Experiment an RAW 264.7 der Mausmakrophagen-Zellen gezeigt haben.

Die Bildqualität einer MRT-Aufnahme kann durch die gebildeten Polykation-POM-Komplexe, im Vergleich zu den reinen Gadolinium-Polyoxometalat-Lösungen, erheblich verbessert werden. Dieses Ergebnis gibt entscheidende Hinweise darauf, dass die Relaxivität des Gadolinium-Polyoxometalats durch Komplexierung mit dem kationischen Polymer zugenommen hat.

4.2 Komplexbildung des kationisch geladenen Polymers mit DNA

Im Rahmen dieses Kapitels wird die Untersuchung der Komplexbildung des Polykationischen Poly-Hexylsperminacrylamids (PHASM) mit DNA vorgestellt. Ziel ist es, die Einflüsse der Eigenschaften der verwendeten Polykationen auf die gebildeten Komplexe zu verstehen, welche das Komplexbildungsverhalten in wässriger Lösung bestimmen. Es soll untersucht werden, ob die experimentellen Bedingungen zur Bildung von Komplexen, insbesondere für deren Anwendung in der Gentransfektion, möglich sind. Die Transfektionsuntersuchungen werden von Frau Sandra Muth in Kooperation mit der Arbeitsgruppe Luhmann am Institut für Physiologie und Pathophysiologie der Universitätsmedizin Mainz durchgeführt. Für eine Anwendung als Transfektionsagenzien muss in Zellexperimenten die Green Fluorescent Protein DNA zur Komplexierung verwendet werden. Es wurden verschiedene Verhältnisse von pEGFP-C3-Vektor zu Polymer getestet (im folgenden GFP-DNA (Green Fluorescent Protein)). Die verwendete GFP-DNA besteht aus 4700 Basenpaaren und hat damit eine Molmasse von $3.1 \cdot 10^6$ g/mol, wie von Frauke gezeigt mit R_h von 94 nm und R_g von 125 nm[106].

Um die Möglichkeit einer Fraktionierung der gebildeten Komplexe durch Filtration auszuschließen, wurden die Komplexe direkt in Lichtstreuküvetten durch Titration der beiden Ausgangskomponenten hergestellt. Dabei wurde das kationisch geladene Polymer in 150 mM NaCl parallel in neun Lichtstreuküvetten mit einer Konzentration von 109 mg/l vorgelegt und das zugegebene Volumen gravimetrisch bestimmt. Danach wurde die DNA-Lösung in Konzentration von 92 mg/l tropfenweise zutitriert. Die exakten Volumina der zugetropften DNA-Lösung wurden nach jeder Zugabe erneut gravimetrisch bestimmt. Die Konzentration der zugetropften DNA-Lösung wurde vor der ersten und nach der letzten Zugabe des Titrationsexperiments in separaten spezifischen Küvetten (UVette® 220-1600 nm, Fa. Eppendorf AG) mit Hilfe eines Eppendorf-Biophotometers kontrolliert.

Die Komplexzusammensetzungen wurden über einen längeren Zeitraum beobachtet, um sicherzustellen, dass diese Komplexe in einer möglichen Anwendung auch länger als einen Tag in Lösung stabil sind. Frauke zeigt durch Titrationsexperimente von GFP-DNA in Poly-L-Lysin in physiologischer Salzlösung, dass die Komplexe bei Ladungsverhältnis ($N^+_{polymer}/P^-_{DNA}$) von 3,16 und 4,74 stabil sind (R_h= 77 nm und 89 nm; R_g= 88 nm und 107 nm). Die Konzentration der DNA betrug 40mg/l, das Polylysin wurde in 80mg/l und 120mg/l angesetzt[106]. Im Gegensatz dazu werden bei den Komplexlösungen aus PHSAM

4 Komplexbildung und Charakterisierung

und GFP-DNA (c= 92 mg/l) bei Ladungsverhältnis (N^+/P^-) von 6,7 bis 29,0 nach 5 Tagen keine Niederschläge am Küvettenboden nachgewiesen. Die Auswertung der statischen und dynamischen Lichtstreuung an den Komplexlösungen führt zu den in Tabelle 4–3 zusammengefassten Ergebnissen. Die Auftragungen der ermittelten apparenten Trägheitsradien und hydrodynamischen Radien für alle Komplexlösungen gegen die Zusammensetzung der Lösungen, ausgedrückt durch das Ladungsverhältnis (N^+/P^-), zeigt die Abbildung 4–25. Die einzelnen aus der statischen Lichtstreuung erhaltenen Streukurven sowie die Extrapolationen der hydrodynamischen Radien auf $q=0$ werden im Anhang in Abbildung A 3 bis Abbildung A 9 gezeigt.

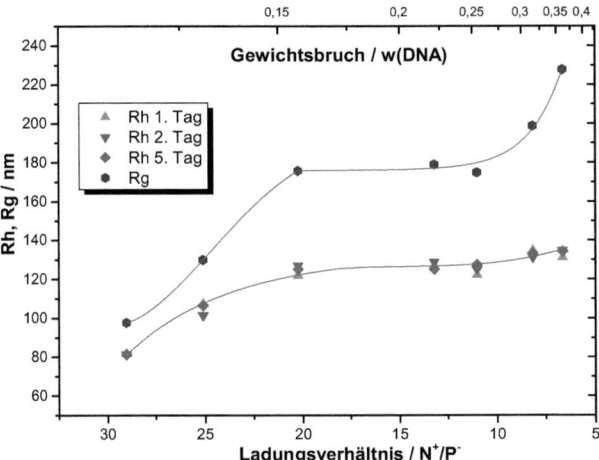

Abbildung 4–25 Zeitabhängige Charakterisierung von Komplexbildung mit Ladungsverhältnis ($N^+_{polymer}/P^-_{DNA}$) und Gewichtsbruch an DNA in 150 mM NaCl-Lösung

Die Verläufe der Trägheitsradien zeigen drei Bereiche: Zunächst nehmen die Trägheitsradien relativ zur freien DNA zu, durchlaufen ein Plateau und steigen in der Folge, bis schließlich ein sprunghaftes Ausfallen beobachtet wird. Ein vergleichbares Verhalten zeigen die hydrodynamischen Radien: Diese steigen zunächst in der Mischung mit der Zunahme des DNA-Anteils, bis zu einem Ladungsverhältnis (N^+/P^-) von ungefähr 20:1. Bei weiterer Erhöhung des Gewichtsbruchs an DNA ändern sich die daraus erhaltenen Werte nicht signifikant. Die Abweichung ist um 3 % geringer als der Mittelwert von 130 nm und liegt innerhalb der Fehlergrenzen der linearen Regression bei der Auswertung der Winkelabhängigkeit der Lichtstreu-Messungen. Nach weiterer DNA-Zugabe bei einem Ladungsverhältnis von 4,9: 1 (N^+/P^-) wird das Ausfallen von Komplexen aus der Lösung nach 12 Stunden beobachtet und beim Ladungsverhältnis von 2,5:1 (N^+/P^-) wird das Aus-

4 Komplexbildung und Charakterisierung

fallen direkt nach dem Mischen durch Beobachten des Küvettenbodens im Laserstrahl nachgewiesen.

Für eine exakte Bestimmung der Molmassen und Trägheitsradien ist es notwendig, dass der Anteil unkomplexierter Polymere von dem Streuverhalten der Komplexlösungen subtrahiert wird. Da die Streuintensität der vorgelegten Polymerlösung deutlich geringer ist (CR= 10 kHz von θ=30° bei c=100 mg/l in 150mM NaCl-Lösung), wird der Beitrag der unkomplexierten Polymere gegenüber dem Beitrag der Komplexe zur Gesamtstreuintensität aber vernachlässigt. Der maximale Einfluss der unkomplexierten Polymere auf die Gesamtstreuintensität der Komplexlösung liegt in der Größenordnung << 0,5 %. Somit sind die unkomplexierten Polymere für die Komplexe mit Polykation-Überschuss zur Gesamtstreuintensität irrelevant. Aus diesem Grund wurde bei der Auswertung vereinfachend angenommen, dass in den untersuchten Systemen unkomplexierte Polymermoleküle nicht vorhanden waren. Zur Bestimmung der apparenten Molmasse der einzelnen Mischungen wurde ein Brechungsindexinkrement von 0,17 mg/l verwendet. Nach Einsatz der Konzentration aus den Summen der beiden Komponenten und durch Auftragung von $Kc/R(\theta)$ gegen q^2 kann die apparente Molmasse ermittelt werden. Die aus den einzelnen Streuexperimenten erhaltenen Werte der apparenten Molmassen sind in Abbildung 4–26 als Funktion der Konzentration von DNA in Lösungen aufgetragen.

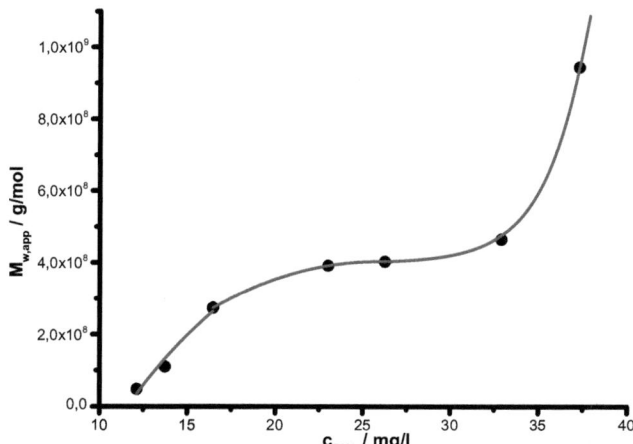

Abbildung 4–26: Apparente Molmasse der Komplexlösungen als Funktion der c_{DNA}

Damit zeigt sich im Bereich geringer DNA-Zugaben ein linearer Anstieg beim Ladungsverhältnis zwischen 30:1 (c_{DNA}=12,1 mg/l) und 20:1 (c_{DNA}=16,5 mg/l). Diese Zunahme der Molmassen zeigt über einen weiten Bereich im Ladungsverhältnis von 13:1 und 8:1 keine

4 Komplexbildung und Charakterisierung

Änderung der Größenordnung von einer Zugabe zur nächsten, bis schließlich ein sprunghafter Anstieg der Molmasse bei einem Ladungsverhältnis von 6,7:1 (c_{DNA}=37,3 mg/l) beobachtet wird. Der Vergleich der gemessenen Trägheitsradien und hydrodynamischen Radien in den verschiedenen Ladungsverhältnissen zeigt, dass das Verhältnis R_g/R_h der mit vorgelegtem Polymer gebildeten Komplexe sich im Bereich von 1,2 bis 1,75 bewegt. Für die mit Ladungsverhältnis (N^+/P^- = 29:1) hergestellten Komplexe wurden AFM-Bilder auf Mica unter 150 mM NaCl-Lösung aufgenommen. Die erhaltenen Bilder sind anschaulich in Abbildung 4–28 gezeigt. Auf den Aufnahmen ist gut zu erkennen, dass die DNA-Polymer-Komplexe in den untersuchten Systemen als polydisperse Kugeln bzw. ellipsoide Strukturen vorliegen.

Tabelle 4–3: Zusammenfassung der Komplexbildung mit Ladungsverhältnis und Volumenverhältnis

w(DNA)	$N^+_{Polymer}/P^-_{DNA}$	$C_{polymer}$ mg/l	$C_{GFP-DNA}$ mg/l	$C_{Polymer+DNA}$ mg/l	R_g nm	R_g / R_h	M_w g/mol
DNA					125	1,33	3,1e6
Polymer					18	1,83	1,2e5
0,608	2,5	37,93	58,91	96,84			↓
0,440	4,9	56,00	43,93	99,93			↓
0,368	6,7	64,00	37,30	101,30	231	1,73	9,445e8
0,322	8,2	69,30	32,91	102,21	199	1,48	4,655e8
0,260	11,0	74,63	26,26	100,89	173	1,38	4,033e8
0,227	13,2	78,34	23,01	101,36	177	1,41	3,918e8
0,161	20,2	85,85	16,45	102,31	176	1,41	2,747e8
0,134	25,1	88,96	13,74	102,70	130	1,24	1,087e8
0,118	29,0	90,80	12,13	102,93	97	1,20	5,284e7

Weiterhin wird der Einfluss der Menge der zugegebenen DNA auf die Dichte der gebildeten DNA-Polymer-Komplexe diskutiert. Die Dichte der Komplexe kann aus dem Trägheitsradius oder dem hydrodynamischen Radius näherungsweise über folgende Gleichung beschrieben werden.

$$\rho_{Komplexe} = \frac{M_{w,Komplexe}}{6{,}023 * 10^{23} mol^{-1}} \div \left(\frac{4\pi(R_{Komplexe})^3}{3}\right) \qquad \text{Gl. 4-7}$$

Abbildung 4-27 zeigt die berechnete Dichte der Komplexe aus dem Trägheitsradius und dem hydrodynamischen Radius, gegen die Konzentration von DNA. Die Ergebnisse sind in Tabelle A 1 zusammengefasst. Es zeigt sich, dass die aus dem hydrodynamischen Radius bestimmte Dichte der Komplexe, im Vergleich zur unkomplexierten DNA, mit einem Wert von 2,47 10^{-3} g/cm^3 stark erhöht ist. Das Polymer weist eine signifikant höhere Dichte von 5,07·10^{-2} g/cm^3 gegenüber der freien DNA auf.

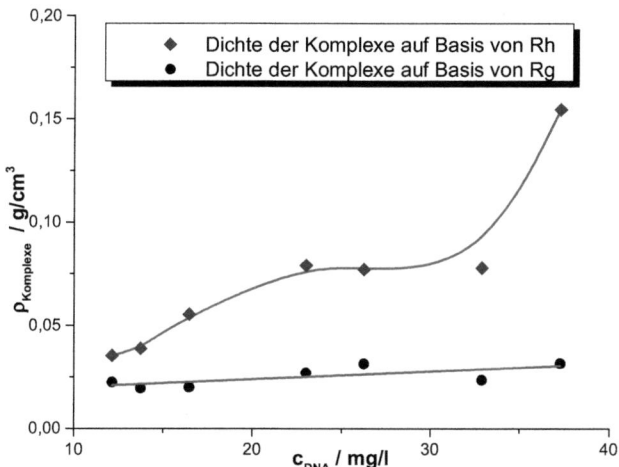

Abbildung 4-27: Dichte der Komplexe, berechnet auf Basis von hydrodynamischem Radius und Trägheitsradius

Die Dichte der gebildeten Komplexe ist auf Basis des Trägheitsradius mit Gl. 4-7 berechnet und liegt für alle Mischungsverhältnisse im Bereich von 0,02 g/cm^3 bis 0,032 g/cm^3. Die Dichte des reinen Polymers ist zu 8,32·10^{-3} g/cm^3 und die Dichte für unkomplexierte DNA ist zu 9,24 10^{-4} g/cm^3 bestimmt.

Die signifikant erhöhte Dichte, welche aus dem hydrodynamischen Radius bestimmt wurde, kann vermutlich auf die Anisotropie der gebildeten Komplexe vom z-Mittel des Trägheitsradiusquadrats $\langle R_g^2 \rangle_z^{1/2} = \left(\frac{\sum N_i M_i^2 (R_g^2)_i}{\sum N_i M_i^2}\right)^{1/2}$ und dem inversen z-Mittel des hydrodynamischen Radius $\left\langle \frac{1}{R_h} \right\rangle_z^{-1} = \left(\frac{\sum N_i M_i^2 (1/R_h)_i}{\sum N_i M_i^2}\right)^{-1}$ zurückgeführt werden. Die AFM-Aufnahmen der gebildeten DNA-Polymer-Komplexe bestätigt eindeutig, dass in den untersuchten Systemen neben den größeren Aggregaten auch kleinere vorhanden sind. Somit ist nur die Dichte auf Basis von R_h aussagekräftig.

Die identische, in der Lichtstreuung untersuchte Komplexlösung, wurde direkt aus den Lichtstreuküvetten für die AFM-Messungen verwendet. Die mittels AFM beobachteten Komplexe sind in Abbildung 4–28 gezeigt. Die gebildeten sphärischen Aggregate haben eine erkennbare Kern-Schale-Struktur. Daraus ergibt sich eine Maximalhöhe bei 18,5 nm. Die aus den AFM-Bildern bestimmte Höhe deren Schwänze ist kleiner als 1,2 nm. Bei dem für die Abbildungen verwendeten Polymer wurden in der Konzentration von ca. 200 mg/l keine signifikant größeren Aggregate beobachtet (Abbildung A1).

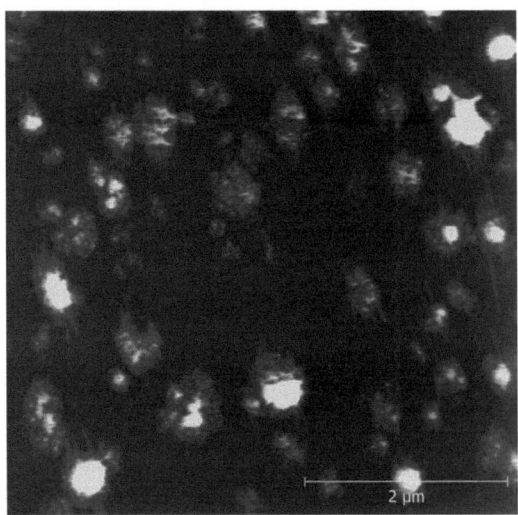

Abbildung 4–28 AFM-Aufnahme der Komplexe aus PHSAM und GFP-DNA (N+/P- = 29)

Variation der Konzentration der Komplexlösung

Auch nach 5 Tagen war in den Komplexlösungen kein sichtbarer Niederschlag zu beobachten, wobei der gemessene hydrodynamische Radius der gebildeten Komplexe keine signifikante Änderung aufwies. Um polyvalente kationische Poly-Hexylacryamid-Spermine als DNA-Carrier für Gentransfektion verwenden zu können, sollte die Stabilität der gebildeten DNA-Polymer-Komplexe bei weiterer Verdünnung in salzhaltiger Lösung untersucht wurden.

Zur Durchführung wurden die Komplexlösungen bei den Ladungsverhältnissen 29:1, 20:1 sowie 8,2:1 (N^+/P^-) in Titrationsexperimenten schrittweise mit 150 mM NaCl-Lösung verdünnt. Die Komplexlösungen wurden nach jedem Titrationsschritt (2 Stunden nach der

Zugabe, um eine einheitliche Alterungszeit zu gewährleisten) durch statische und dynamische Lichtstreuung charakterisiert.

In Abbildung 4–29 und Abbildung 4–30 wird der Zimmplot und das Ergebnis der dynamischen Lichtstreuung für die Verdünnung der Komplexlösung bei einem Ladungsverhältnis 29:1 (N^+/P^-) anschaulich gezeigt. In dem untersuchten System erhält man linear nach Zimm extrapolierbare statische Streukurven. Der durch statische Lichtstreuung bestimmte zweite Virialkoeffizient (A_2) von $-1,148 \times 10^{-8}$ mol·dm^3·g^{-2} kann als Resultat für die Verschlechterung der Lösungsmittelqualität herangezogen werden. Das Gewichtsmittel der Molmasse M_w, welches durch die lineare Extrapolation auf $c \rightarrow 0$ bestimmt wird, liegt in der Größe von $4,8 \times 10^7$ g/mol. Es zeigt keine signifikanten Unterschiede im Vergleich zu den aus den einzelnen Streuexperimenten erhaltenen Werten (Abbildung A 9) und der gemessene Trägheitsradius liegt im Rahmen des Messfehlers. Der bei verschiedenen Winkeln bestimmte sowie gegen $q^2 \rightarrow 0$ extrapolierte Diffusionskoeffizient entspricht einem hydrodynamischen Radius von 82 ±1,4 nm und führt, wie zu erwarten, nach Verdünnung zu keinen Veränderungen. Dies bedeutet, dass die zunächst in der Lösung vorliegenden Komplexe nach Verdünnung in dem untersuchten Konzentrationsbereich immer stabilisiert werden.

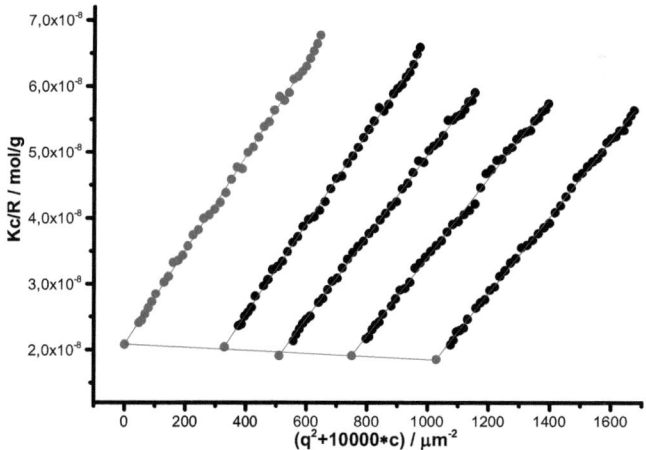

Abbildung 4–29: Zimmplot der Komplexbildung von Polymer mit DNA bei einem Ladungsverhältnis ($N^+/P^- = 29$) in 150 mmol NaCl-Lösung; c_1=0,103 g/l; c_2=0,075 g/l; c_3=0,051 g/l; c_4=0,033 g/l; M_w=4,797x10^7 g/mol; A_2=-1,148x10^{-8} mol ·dm^3 ·g^{-2}; R_g=101 nm; dn/dc=0,17 cm^3/g

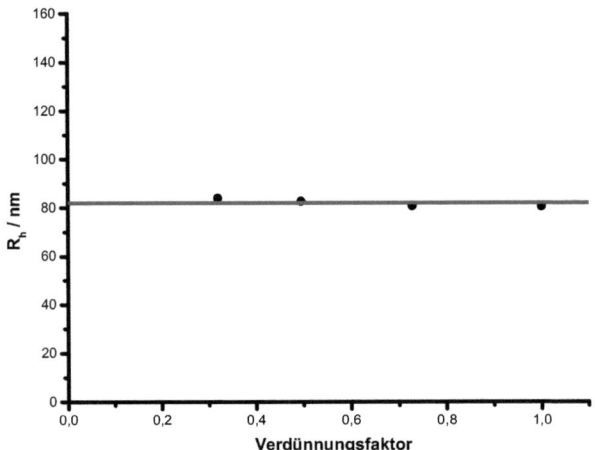

Abbildung 4–30: DLS der Komplexbildung bei einem Ladungsverhältnis von 29:1; in 150 mmol NaCl-Lösung; R_h=82nm

Die Komplexlösung beim Ladungsverhältnis 20:1 wurde wie vorher beschrieben, nach 5 Tagen um Faktor 5 mit 150 mM NaCl-Lösung verdünnt. Die aus den Streuexperimenten erhaltenen Werte für die apparenten Molmassen, Trägheitsradien und hydrodynamischen Radien sind in Abbildung 4–31 und Abbildung 4–32 dargestellt.

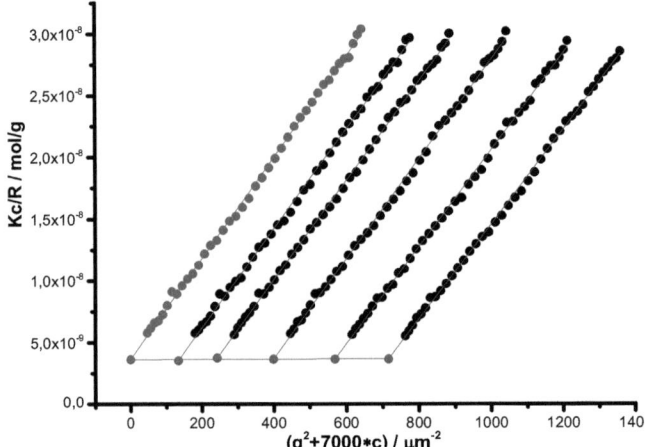

Abbildung 4–31: Zimmplot der Komplexbildung von Polymer mit DNA bei einem Ladungsverhältnis (N^+/P^-=20) in 150 mmol NaCl-Lösung; c_1=0,102 g/l; c_2=0,081 g/l; c_3=0,057 g/l; c_4=0,035 g/l; c_5=0,019 g/l; M_w=2,756x10^8 g/mol; A_2=1,798x10^{-10} mol·dm^3·g^{-2}; R_g=183 nm; dn/dc=0,17 cm^3/g

Aus den Quotienten aus Trägheitsradius und hydrodynamischem Radius der Komplexlösungen kann geschlossen werden (Tabelle 4–4), dass die Topologie der aus GFP-DNA und positiv geladenem Polymer bei einem Ladungsverhältnis 20:1 gebildeten Komplexe somit unabhängig davon ist, wie hoch die Konzentration des Komplexes in der Lösung vorgelegt wird. Im Vergleich der einheitlichen Größe der gebildeten Komplexe zu dem freien, unkomplexierten Polymer und der DNA kann festgestellt werden, dass die gebildeten Komplexe aufgrund der sehr starken elektrostatischen Wechselwirkung der jeweiligen Komplexpartner folglich zu Multi-Komplexen führen, wodurch mehrere DNA-Moleküle an der Bildung eines Komplexes beteiligt sind.

Tabelle 4–4: Ergebnisse der statischen und dynamischen Lichtstreuung der Komplexlösungen bei Ladungsverhältnis 20:1 nach Verdünnung

$c_{Polymer+DNA}$ / mg/l	M_w / g/mol	R_g / nm	R_h / nm	ρ-Verhältnis
102	2,738e8	178	129	1,38
81	2,742e8	180	127	1,42
57	2,741e8	182	128	1,42
35	2,659e8	179	129	1,39
19	2,824e8	184	129	1,43

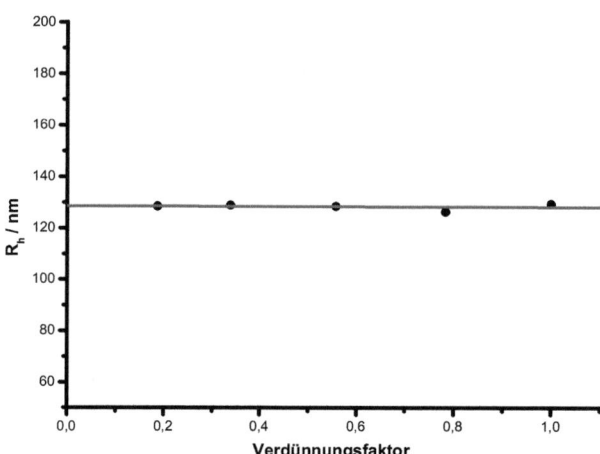

Abbildung 4–32: DLS der Komplexbildung bei einem Ladungsverhältnis von 20:1; in 150 mmol NaCl-Lösung; R_h=128 nm

Die Ergebnisse der statischen und der dynamischen Lichtstreuung an der Komplexlösung bei einem Ladungsverhältnis (N^+/P^- = 8,2) in physiologischer Salzgehaltlösung sind in Abbildung 4–33 und Abbildung 4–34 graphisch dargestellt. Die genauen Konzentrationen und die Werte des hydrodynamischen Radius sowie die des Trägheitsradius befinden sich in Tabelle 4–5. Bei den apparenten Molmassen des Komplexes sind nach Verdünnung keine signifikanten Veränderungen aufgetreten. Der Vergleich der Ergebnisse des hydrodynamischen Radius veranschaulicht sehr deutlich, dass die Größen der gebildeten Komplexe nicht signifikant voneinander abweichen. Die leicht erhöhten Trägheitsradien bei niedrigen Konzentrationen der Komplexlösungen befinden sich innerhalb der Fehlergrenzen der linearen Regression.

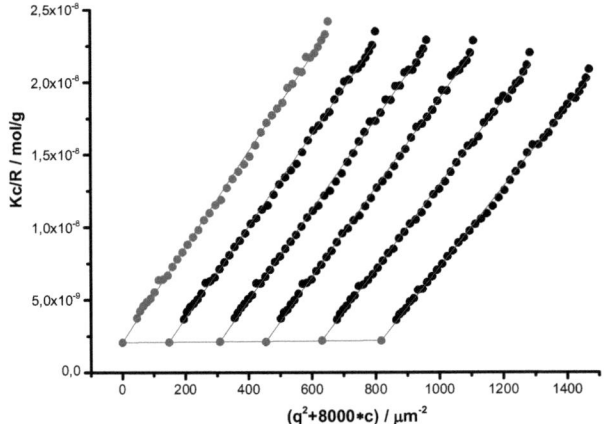

Abbildung 4–33: Zimm-Plot der Komplexbildung von Polymer mit DNA bei einem Ladungsverhältnis (N^+/P^- = 8,2) in 150 mM NaCl-Lösung; c_1=0,102 g/l; c_2=0,079 g/l; c_3=0,057 g/l; c_4=0,039 g/l; c_5=0,019 g/l; M_w=4,8415x10^8 g/mol; A_2=7,7815x10^{-10} mol·dm^3·g^{-2}; R_g=218 nm; dn/dc=0,17 cm^3/g

Die konzentrationsabhängigen Untersuchungen der Komplexbildung legen somit den Schluss nahe, dass die apparenten Molmassen, Trägheitsradien und hydrodynamischen Radien unabhängig von der Konzentration der Komplexlösung sind. Daraus folgt auch, dass die gebildeten Komplexe mit Polymer vorgelegt und bei einem Ladungsverhältnis (N+/P-) von 8,2:1 und 20:1 Multi-Ketten-Komplexe darstellen. Um zu überprüfen, ob alle DNA-Moleküle mit Polymer in der Komplexbildung umgesetzt wurden, werden die Komplexlösungen mittels Gelelektrophorese untersucht. Diese Aufnahme beweist eindeutig, dass in allen untersuchten Systemen keine freie DNA mehr vorliegt und die Komplexe auch nicht durch die Gelelektrophorese zerstört werden. Die Anzahl der DNA-Moleküle pro Komplex sowie der Anteil der freien unkomplexierten Überschusspolymere können auf Basis der durchgeführten experimentellen Daten allerdings nicht quantitativ bestimmt werden.

Tabelle 4–5: Ergebnisse der statischen und dynamischen Lichtstreuung an den Komplexlösungen beim Ladungsverhältnis (N^+/P^- 8,2) nach Verdünnung mit 150 mM NaCl Salzlösung

$c_{Polymer+DNA}$ / mg/l	M_w / g/mol	R_g / nm	R_h / nm	ρ-Verhältnis
102	4,583e8	196	135	1,45
79	4,477e8	198	134	1,48
57	4,668e8	207	134	1,54
39	4,663e8	208	135	1,54
19	4,704e8	211	137	1,54

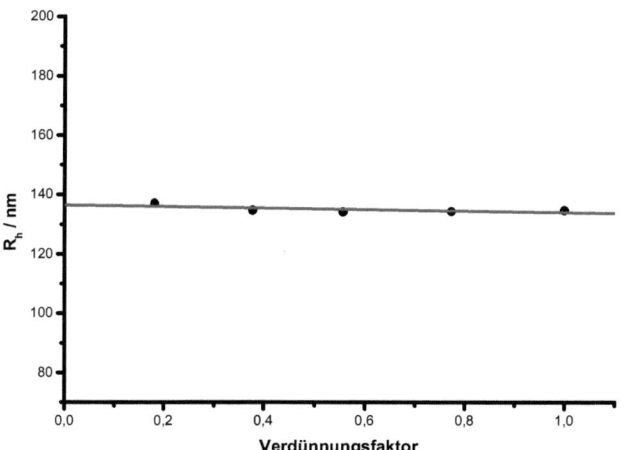

Abbildung 4–34: DLS der Komplexbildung bei einem Ladungsverhältnis (N^+/P^- 8,2); in 150 mmol NaCl-Lösung; R_h=136 nm

4.2.1 Zusammenfassung von Kapitel 4.2

Die Komplexierung von DNA mit dem im Überschuss vorliegenden kationisch geladenen Polymer wurde in physiologischem Salzgehalt mit unterschiedlichen Mischungsverhältnissen untersucht. Die Ergebnisse der durchgeführten Experimente haben gezeigt, dass sich

4 Komplexbildung und Charakterisierung

alle in diesem Kapitel beschriebenen DNA-Polymer-Komplexlösungen außer für die Mischungsverhältnisse von 2,5: 1 und 4,9: 1 ($N^+_{polymer}/P^-_{DNA}$) in einem stabilen Zustand befinden. Die Ergebnisse der statischen und dynamischen Lichtstreuungen an diesen mit GFP-DNA gebildeten Komplexen beweisen, dass unter diesen Komplex-Bedingungen polydisperse Kugeln bzw. ellipsoide Strukturen erhalten werden. Die Molmasse und Größe der Polykation-DNA-Komplexe geben eindeutige Hinweise darauf, dass sich in 150 mM NaCl-Lösung Multi-Ketten-Komplexe bilden. Die AFM-Experimente der bei Ladungsverhältnis ($N^+_{polymer}/P^-_{DNA}$) von 29:1 hergestellten Komplexlösung lassen den Schluss zu, dass die gebildeten Interpolyelektrolytkomplexe eine Kern-Schale-Struktur besitzen.

5 Synthese und Charakterisierung von multivalenten kationischen Tensiden

Tenside sind Substanzen mit einem amphiphilen Molekülaufbau. Sie bestehen somit aus einem hydrophilen und hydrophoben Molekülteil. Der hydrophile Anteil kann sowohl ionischen als auch nichtionischen Charakter aufweisen, weshalb die Tenside in ionische und nichtionische eingeteilt werden. Bei ionischen Tensiden werden hauptsächlich quaternäre Ammoniumsalze[107], Guanidiumsalze[108], Sulfate[109], Phosphate[110], Carboxylate[111], bei nichtionischen Tensiden Polyethoxylate[112] und Kohlenhydrate[113,114] für den hydrophilen Molekülteil verwendet. Je nach ihrer molekularen Struktur lagern sich Tenside in wässriger Lösung spontan zu verschiedenen höhermolekularen Aggregaten zusammen. Bei ionischen Tensiden werden die Aggregate mit einer Aggregationszahl kleiner als 100 Einzelmolekülen pro Mizelle gebildet(z.B. SDS: n = 64, CTAB: n = 80)[115], die von nichtionischen Tensiden gebildeten Aggregate enthalten in der Regel über 1000 Moleküle pro Mizelle[116,117]. Dieser Effekt kann bei ionischen Tensiden mit der gegenseitigen Abstoßung der gleichartig geladenen Kopfgruppen innerhalb der Mizelle erklärt werden[118]. Die Gestalt und Größe des gebildeten Aggregates wird zusätzlich von der Art der hydrophilen Gruppe, der Länge der hydrophoben Kette, der Tensidkonzentration, dem Lösungsmittel und dem Packungsparameter (P) des Volumenbedarfsverhältnisses des hydrophoben zum hydrophilen Molekülteil beeinflusst. Der Packungsparameter (P) beschriebt den Zusammenhang zwischen Molekülgeometrie und dessen Aggregationsstruktur, der mit der mathematischen Beziehung $P = \frac{V}{a_0 \cdot l_c}$ von Israelachvili et al. 1976 eingeführt wurde, wobei V das Volumen des hydrophoben Teils, l_c die Kohlenwasserstoffkettenlänge und a_0 die von dem mittleren Flächenbedarf der hydrophilen Kopfgruppe darstellt[119]. Beispielsweise führen kleine Packungsparameter (C_8E_4-Mizellen in H_2O) zu einer starken Krümmung der Aggregatoberfläche und damit zu sphärischen Mizellen. Ein großer Packungsparameter ($C_{12}E_6$-Mizellen[120] und $C_{12}E_6$-Mizellen[121] sowie $C_{14}E_6$-Mizellen[122]) dagegen führt zur Ausbildung von wurmartigen Strukturen im Wasser. Auch $C_{16}E_6$ in H_2O bildet stäbchenförmige Aggregate[123] aus. Im Extremfall bilden sich auch lange rigide Fibrillen aus, wie sie z.B. für Bis-Urea-Derivate in Toluol beobachtet werden[124].

5 Synthese und Charakterisierung von multivalenten kationischen Tensiden

Im Folgenden wird die Herstellung einer Reihe multivalenter kationisch geladener Tenside beschrieben. Die diskutierten Tenside enthalten als hydrophoben Anteil eine Alkylkette, desweiteren ist eine Ethylenoxidkette enthalten sowie als hydrophiler Anteil positiv geladene Aminogruppen. Diese werden durch Kopplungsreaktionen des funktionalisierten Bausteins mit definierter amphiphiler Struktur erhalten und danach in H_2O mit verschiedener Fremdsalzkonzentration durch statische sowie dynamische Lichtstreuung hinsichtlich ihres Aggregationsverhaltens untersucht. Weiterhin wurde die Eignung der synthetisierten Systeme zur DNA- und RNA-Komplexierung in Kooperation mit Angel Francisco Medina-Oliva und Kristin Rausch untersucht.

Um den Einfluss der Größe der hydrophilen und hydrophoben Molekülteile auf das Aggregationsverhalten in wässriger Lösung zu untersuchen, werden sechs kationische Tenside mit unterschiedlicher Anzahl an Ladungen und Alkyleinheiten synthetisiert. Die Grundstruktur ist in Abbildung 5–1 gezeigt. Die Tenside (D, E und F) setzten sich aus drei Fragmenten zusammen. Dabei handelt es sich um einen monodispersen Oktaethylenoxid-Anteil, einen unpolaren Dodecyl-Anteil (Tensid D und Tensid F), sowie ein Hexyl-Segment an Tensid E und eine spezifische kationische Gruppe. Um den Oligoether und den aliphatischen Alkyl-Teil sowie die kationische Gruppe koppeln zu können, müssen alle Fragmente reaktive Gruppen entsprechender Funktionalität enthalten. Die erfolgte Kopplung zum monodispersen amphiphilen Zweiblockmolekül erlaubt zusätzliche Endgruppen. Zur Untersuchung der DNA-Tensid-Komplexbildung sollen hier zusätzlich weitere drei Diblockstrukturen von Tensid A, B, und C aufgebaut werden.

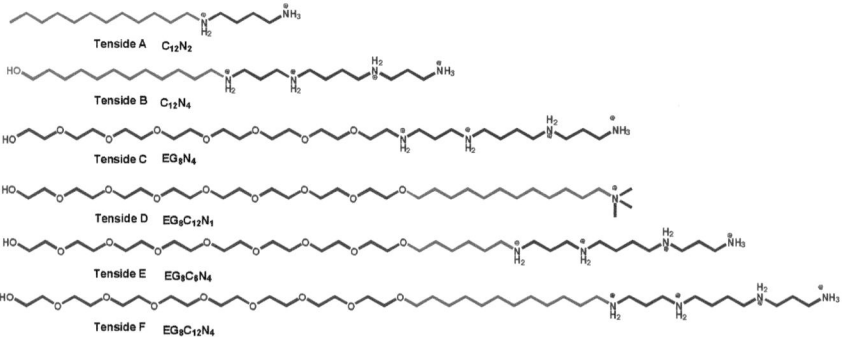

Abbildung 5–1: Schematische Darstellung der multivalenten kationischen Tenside

5.1 Herstellung des hydrophilen Bausteins

Die Synthese des hydrophilen Fragments der Ethylenoxidkette ausgehend vom bifunktionellen Baustein Tetraethylenglykol erfordert den stufenweisen Aufbau unter Einsatz von Schutzgruppen. Als geeignete Schutzgruppen wurden die tert-Butyl- und die Benzylschutzgruppe für Kopplung und weitere Funktionalisierung zum Aufbau des Oligoethylenoxids gewählt, da diese als orthogonale Schutzgruppen sehr gut selektiv also unabhängig voneinander abgespalten werden können und auch bei der weiteren Funktionalisierung nicht angegriffen werden. Diese jeweils monogeschützten, monodispersen Oligomere sind einfach zugänglich und erlauben die nachfolgende Aktivierung der freien Hydroxygruppen zur Kopplung durch Williamson'sche Ethersynthese unter Erhalt der Schutzgruppen. Nach der selektiven Abspaltung der Schutzgruppe wird das monobenzylgeschützte bzw. monotert-Butylschützte Oktaethylenglykol in guten Ausbeuten isoliert[125,126]. Die Synthesestrategie ist im nachfolgenden Reaktionsschema dargestellt (Abbildung 5–2).

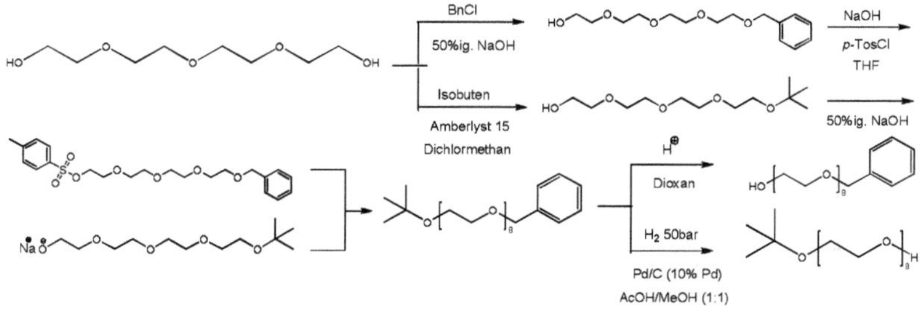

Abbildung 5–2: Reaktionsschema zur Synthese des hydrophilen Bausteins

Das nach chromatographischer Reinigung isolierte Produkt wurde durch das ^{1}H-NMR-Spektrum analysiert (Abbildung 5–3). Es gibt insgesamt vier spektrale Bereiche für die α-Benzyl-ω-tert-Butyl-geschützten Oktaethylene. Zwischen 7,23 – 7,31 ppm findet man die Protonen des Benzolrings. Die benzylische Methylgruppe am Aromat erscheint als Singulett bei 4,53 ppm. Die Protonen der Hauptkette bilden ausgeprägte Multipletts im Bereich zwischen 3,67 – 3,62 ppm. Die Protonen der tert-Butylschutzgruppe werden bei 1,15 ppm gefunden.

Die erfolgreiche Abspaltung der Benzylschutzgruppe lässt sich leicht durch das ^{1}H-NMR-Spektrum in Abbildung 5–3 C nachweisen. Die Signale der aromatischen H–Atome und CH_2 der Benzylgruppe treten nicht mehr auf, wobei die Signale der tert-Butylgruppe trotz mäßig sauren Reaktionsbedingungen erhalten geblieben sind. Die Charakterisierung des monobenzylgeschützten Oktaethylenglykols erfolgte mittels ^{1}H-NMR-Spektrum. Die selektive Abspaltung der tert-Butylgruppe lässt sich in Abbildung 5–3 B durch das Verschwinden des charakteristischen Singuletts der tert-Butylgruppe verfolgen.

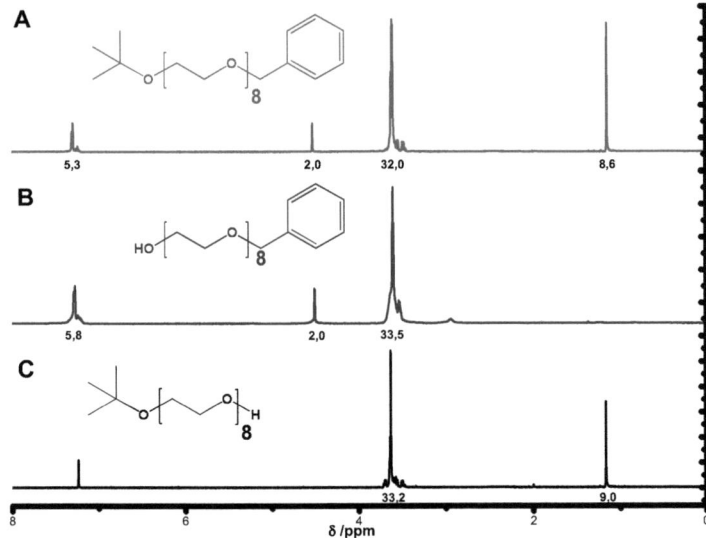

Abbildung 5–3: ^{1}H-NMR von α-Benzyl-ω-tert-Butyl-Octaethylenglykol, Mono-tert-Butyl-Octaethylenglykol und Mono-benzyl-Octaethylenglykol

5.2 Herstellung Tensid A

Die Struktur des Tensids A setzt sich aus zwei Fragmenten zusammen. Dabei handelt es sich um einen hydrophilen Teil mit doppelt positiv geladener Kopfgruppe und eine hydrophobe Gruppe mit unpolarer aliphatischer Kette, die durch nukleophile Substitution miteinander verbunden sind.

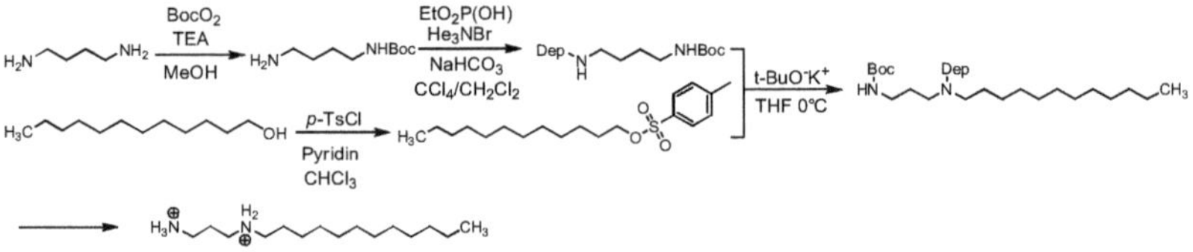

Abbildung 5–4: Reaktionsschema zur Synthese des Tensids A

Die Herstellung des Tensids A wurde nach dem in Abbildung 5–4 dargestellten Reaktionsschema durchgeführt. Als hydrophiler Anteil wurde 1,4-Butanediamin gewählt und nach

Aufbau der Schutzgruppe sowie durch Aktivierung der freien Aminogruppe an dem Seitenende zum Aufbau des kationischen Tensids umgesetzt. Die Einführung der Boc-schutzgruppe erfolgt nach einer Vorschrift von Kaur et. al.[127] durch die Zugabe von Di-tert-butyldicarbonat und Triethylamin in Methanol. Bei der weiteren Funktionalisierung des monogeschützten Diamins wird das Boc-geschützte Butanediamin mit Di-ethylphosphonat nach einer abgewandelten Vorschrift von Andrea et. al umgesetzt[145]. Die erfolgreiche Umsetzung konnte mittels ^{1}H-NMR-Spektrum, wie in Abbildung 5–5 gezeigt, bestätigt werden. Die Protonen der tert-Butyl-Gruppe des Boc-Restes sind bei 1,41 ppm als schmales Singulett sehr gut nachzuweisen. Die Protonen des Diethylphosphonat-Segments zeigen zwei spektrale Bereiche. Die dem Sauerstoff benachbarte Methylengruppe des Phosphonats bildet ausgeprägte Multipletts im Bereich zwischen 3,95 ppm und 4,10 ppm. Die Protonen der übrigen Methylengruppen werden jeweils als Triplett im Bereich von 1,27 ppm und 1,32 ppm detektiert. Die Reinheit dieser Verbindungen wurde zusätzlich mit Massenspektrometrie überprüft. Es sind nur sehr geringe Anteile an Verunreinigungen im ESI-Spektrum zu detektieren. Das Produkt wurde ohne weitere Reinigung im nächsten Reaktionsschritt eingesetzt.

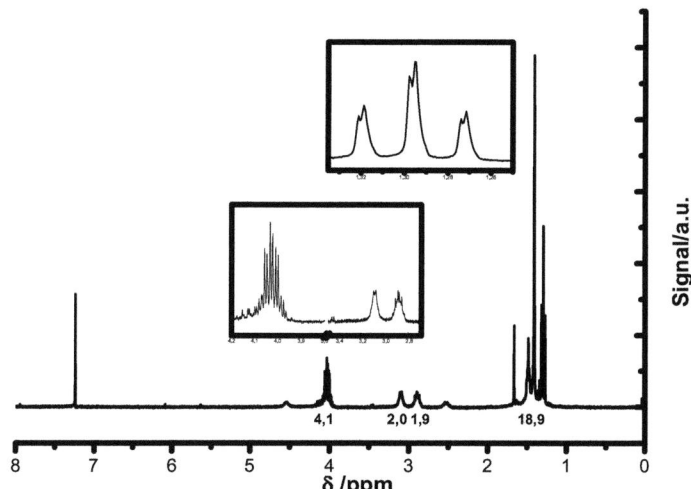

Abbildung 5–5: ^{1}H-NMR von α-Boc-ω-Dep-Butandiamin

Als unpolarer hydrophober Teil zum Aufbau des Tensids A wird in diesem Fall Dodecylalcohol als aliphatischer Baustein gewählt. Um das Dodecanol mit dem hydrophilen Segment des Diamins koppeln zu können, muss die freie Hydroxygruppe durch Einführen der

Tosylatgruppe aktiviert werden. Dazu wurde nach einer Vorschrift von George W. et. al. der Dodecylalcohol in Chloroform mit Tosylchlorid in Gegenwart von Pyridin umgesetzt[146]. Der Erfolg der Tosylierung wurde mit der Aufnahme der ^{1}H-NMR-Messung in Abbildung 5–6 bestätigt. Die Methylengruppe an den Dodecylkettenenden liegt im Bereich von 0,86 ppm als Triplett vor. Die aromatischen Protonen der Tosylatgruppe erscheinen als zwei Dubletts, bei einer chemischen Verschiebung von 7,78 ppm und 7,33 ppm, mit der gleichen Kopplungkonstanten von J = 8 Hz. Die benzylische Methylgruppe des Tosylats wurde als Singulett bei 2,43 ppm gefunden. Außerdem wurde durch die Tosylierung die benachbarte Methylengruppe durch den –I Effekt ins Tieffeld verschoben und befindet sich im Bereich von 3,99 ppm als Triplett. Die Reinheit dieser Verbindungen wurde zusätzlich mit Massenspektrometrie überprüft. Verunreinigungen konnten nicht detektiert werden.

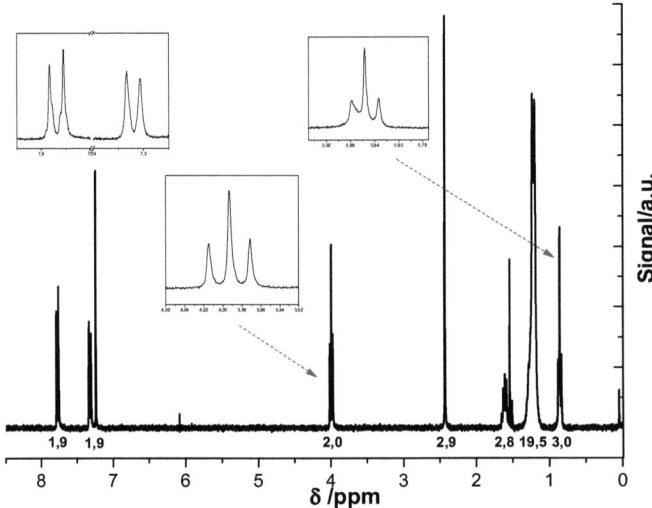

Abbildung 5–6: 1H-NMR von Dodecyltosylat

Die Kombination hydrophiler und hydrophober Elemente zu amphiphilen Molekülen erfolgt durch Zugabe von Alkoholatzusatz (Kalium-*tert*-butoxid) zur Precursorlosung in THF, wiederum nach einer abgewandelten Vorschrift von Andrea et. al[145]. Das gewünschte Produkt konnte als reine Verbindung säulenchromatographisch isoliert werden. Die erfolgreiche Umsetzung konnte durch die Aufnahme einer ^{1}H-NMR-Messung in Abbildung 5–7 bewiesen werden. Der Vergleich von Abbildung 5–7 mit Abbildung 5–6 belegt mittels ^{1}H-NMR-Spektrum durch Fehlen der typischen Tosylat-Resonanzen den vollständigen Umsatz zu der gewünschten Verbindung.

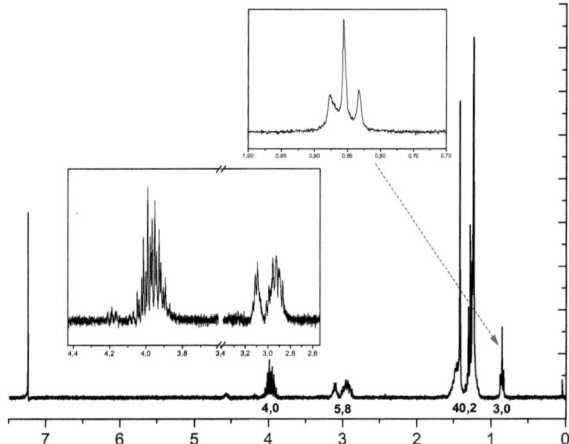

Abbildung 5–7: ^{1}H-NMR von dem Boc- und Dep-geschützten Tensid A

Durch Abspaltung der Boc-Schutzgruppe und des Phosphitesteramids, was nach der in Kapitel 7.4 dargestellten allgemeinen Arbeitsvorschrift durchgeführt wurde, konnte das Tensid A mit TFA$^-$ als Gegenionen erhalten werden. Das Produkt wurde im ESI-Massenspektrum mit dem Signal 257,2 (MH$^+$) nachgewiesen und durch HPLC-Kontrolle über eine ODS-Säule auf Reinheit geprüft. Dabei waren neben dem Produkt keine Signale von Verunreinigung detektierbar.

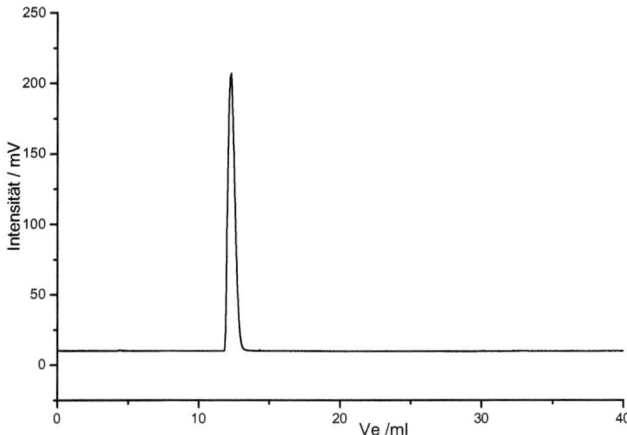

Abbildung 5–8: HPLC-Chromatogramm des Tensids A mit TFA$^-$ als Gegenionen; Perfect-Bond ODS-HD- Säule 250*4.6mm, Particle Size: 5um; LS-detektor, T=25°C ; Gradient: 40 min 75/25(Methanol/Wasser+0.1% TFA) → 100 (Methanol+0.1% TFA);

5.3 Herstellung Tensid B

Tensid B ist ein amphiphiles Molekül mit vier positiven Ladungen und besteht somit aus einem Sperminsegment als hydrophile Kopfgruppe und einer aliphatischen Dodecyl-Kette als hydrophober Anteil. Um die Spermin- und die Dodecyl-Untereinheit koppeln zu können, müssen beide Fragmente reaktive Gruppen entsprechender Funktionalität enthalten. Das monofunktionelle Spermin, welches als hydrophiler Baustein zur Herstellung des Tensids gewählt wurde, wurde mit Boc-Schutzgruppen an den freien Aminostellen selektiv aufgebaut, wie in Kapitel 3.1.1 beschrieben. Die Herstellung des monofunktionalisierten Dodecandiols wird von zwei verschiedenen Methoden nach dem Reaktionsschema in Abbildung 5–9 dargestellt. Alternativ kann die freie Hydroxygruppe durch Einführung der Tosylatgruppe für das O-terminale Ende[146,128] oder durch Substitution mit Bromid[129] aktiviert werden. Der Erfolg der Tosylierung sowie Halogenierung wurden mit der Aufnahme des ^{1}H-NMR-Spektrums überprüft (Abbildung A 10). In der Abbildung sind keine Signale zu erkennen, die nicht dem gewünschten Produkt zugeordnet werden können. Auch durch Analyse mittels Massenspektrum sind keine Verunreinigungen sichtbar.

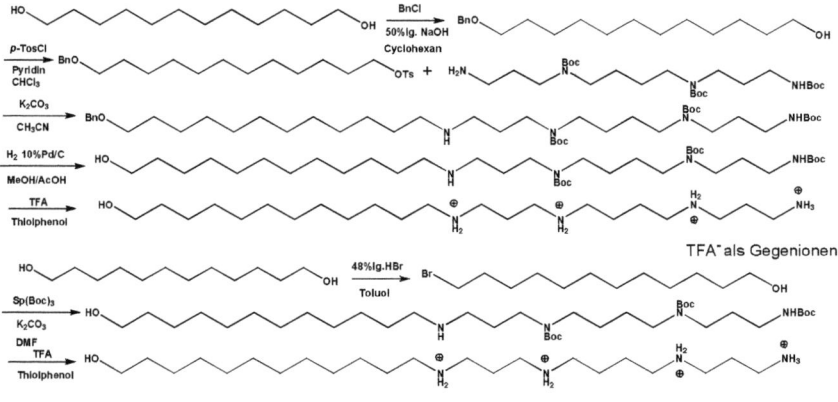

Abbildung 5–9: Reaktionsschema zur Synthese des Tensids B

Die erfolgreiche Darstellung vom Boc-geschützten Tensid B wurde durch Kupplung des monofunktionalisierten Boc-geschützten Spermins mit dem monoaktivierten hydrophoben Baustein alternativ in trockenem DMF oder Acetonitril in Gegenwart von Kaliumcarbonat als Kupplungshilfsreagenz nach einer abgewandelten Vorschrift von S. Sonda et al. realisiert[130]. Nach Aufarbeitung und chromatographischer Reinigung wurde das Produkt durch die Aufnahme eines ^{1}H-NMR-Spektrums charakterisiert. In Abbildung 5–10 sind die Protonen der tert-Butyl-Gruppe des Boc-Restes bei 1,42 ppm als schmales Singulett sehr gut nachgewiesen. Die zur Hydroxygruppe benachbarten Methylenprotonen erscheinen als Triplett im Bereich von 3,58 ppm und 3,64 ppm. Die inneren Methylengruppen der Aliphaten werden als Multiplett im Bereich von 1,16 ppm bis 1,38 ppm detektiert. Die Reinheit dieser Verbindung wurde zusätzlich mit ESI-Messung überprüft. Das gefundene Signal entspricht mit seiner Masse dem gewünschten Kopplungsprodukt.

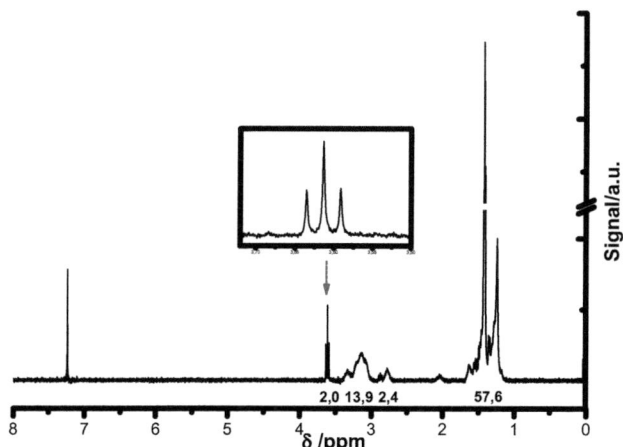

Abbildung 5–10: ^{1}H-NMR von dem Boc-geschützten Tensid B

Um die positiven Ladungen an dem Tensid einzuführen, wird das Boc-gschützte Tensid B durch Umsetzung mit Trifluoressigsäure in Gegenwart von Thiophenol protoniert. Durch Umkristallisation aus Diethylether wird das aufgereinigte Tensid B mit TFA- als Gegenionen erhalten. Die Einführung der Bromidanionen in Tensid B wurde analog der Methode zum Umtausch der Gegenionen des Polymers, also durch Deprotonierung mit NH$_3$-Lösung und anschließender Umsetzung mit Bromwasserstoffsäure erreicht. Das gewünschte Tensid B mit Br$^-$ als Gegenionen konnte mehrmals durch Umkristallisation aus Methanol/Diethylether als reine Verbindung isoliert werden. Der Beweis für das Entstehen des Tensids konnte mittels Massenspektroskopie erbracht werden und das aufgetretene Signal entspricht genau der Verbindung. In dem HPLC-Chromatogramm ist nur ein Signal detektierbar (Abbildung 5–11), welches auf das gewünschte Produkt zurückgeführt werden kann.

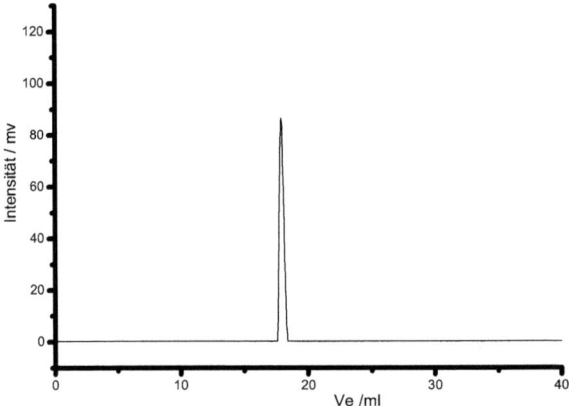

Abbildung 5–11: HPLC- Chromatogramm des Tensids B mit Br^- als Gegenionen; Perfect-Bond ODS-HD- Säule 250*4.6mm, Particle Size: 5um; LS-detektor, T=25°C ; Gradient: 40 min 50/50 (Methanol/Wasser+0.1% TFA) → 100 (Methanol+0.1% TFA);

Ergebnisse der statischen und dynamischen Lichtstreuung von Tensid B

Im folgenden Abschnitt wird das Aggregationsverhalten des Tensids B durch Titrationsexperimente in der Konzentrationsabhängigkeit bzw. der Fremdsalzabhängigkeit beschrieben. Zur Untersuchung wurde Natriumbromid als Fremdsalz gewählt und das Tensid mit einer Anfangskonzentration von ca. 3,3 g/l versehen. Die NaBr-Lösung wurde ebenfalls in einer Konzentration von 1 mM durch Titration zugegeben. Nach jedem Titrationsschritt wurde die Tensid-Lösung mittels statischer und dynamischer Lichtstreuung charakterisiert. Um eine einheitliche Zeitverzögerung zu gewährleisten, wurde die Tensid-Stammlösung nach der Filtration in Lichtstreuküvetten nach der Zugabe der NaBr-Lösung jeweils unter einem konstanten Zeitabstand von zwei Tagen stehen gelassen.

Abbildung 5–12 zeigt den Vergleich der Korrelationsfunktionen für Tensid B in 1 mM NaBr-Lösung mit verschiedener Konzentration bei einem Streuwinkel von 30°. Der Vergleich der gemessenen Korrelationsfunktionen veranschaulicht sehr deutlich, dass die in diesem Konzentrationsbereich gebildeten Aggregate nicht signifikant voneinander abweichen. Bei der Auswertung der dynamischen Lichtstreuung wurde die Korrelationsfunktion bei den verschiedenen Winkeln mit Hilfe einer Summe von Mono- und Biexponentialfunktionen angepasst und anschließend der Diffusionskoeffizient der biexponentiellen Slow-mode gegen q^2 aufgetragen. Die Korrelationsfunktion ist wie folgt beschrieben:

$$g_1(q,\tau) = A_0 + B \cdot [b_1 \cdot \exp(-\Gamma_1 \cdot \tau) + b_2 \cdot \exp(-\Gamma_2 \cdot \tau)] + C \cdot \exp(-\Gamma_3 \cdot \tau) \text{ mit}$$

Der apparente Diffusionskoeffizient wurde nach Extrapolation auf $q = 0$ erhalten. Der in erster Näherung monoexponentiell gefittete Abfall liefert einen hydrodynamischen Radius, kleiner als 1 nm für diesen Fast-mode, was der Größe eines einzelnen Tensidmoleküls entspricht. Die statischen Lichtstreudaten wurden bei jeder Konzentration nach Berry extrapoliert. Da die Brechungsindexinkremente des Tensids nicht experimentell bestimmt wurden und nicht literaturbekannt sind, wird die statische Lichtstreuung zunächst mit Hilfe der konzentrationsnormierten Rayleigh-Verhältnisse $M_{w,app} \cdot (dn/dc)^2$ ausgewertet. Die Ergebnisse der statischen Lichtstreuung und der hydrodynamischen Radien des Slow-modes sind in Tabelle 5–1 zusammengefasst.

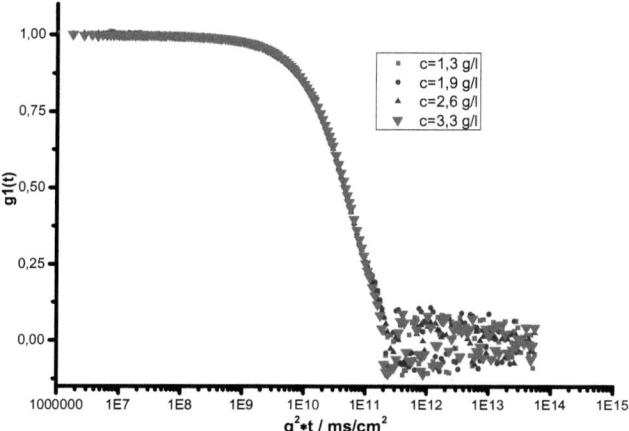

Abbildung 5–12: Vergleich der Korrelationsfunktion bei 30° für Tensid B in 1mM NaBr-Lösung

Der Vergleich der Trägheitsradien und hydrodynamischen Radien sowie des konzentrationsnormierten Rayleigh-Verhältnisses in verschiedener Tensidkonzentration zeigt keine signifikante Veränderung. Dabei ist auszuschließen, dass die gebildete Aggregationsstruktur des Tensids B in die Stammlösung und nach deren Verdünnung keinen Unterschied aufweist. Somit ist davon auszugehen, dass die Aggregate bereits vorher gebildet wurden und diese Aggregate nach Verdünnen stabil sind. Dies bedeutet, dass alle durch Lichtstreuung gemessenen Tensidlösungen die kritische Mizellbildungskonzentration (CMC) überschritten haben. Durch Auftragung der Streuintensität bei einem Winkel von 30° gegen Tensid-Konzentration kann eine weitere wichtige Kennzahl der Grenzkonzentration (CMC) nach Extrapolation auf $I_{30°}$ = 0 näherungsweise ermittelt werden. So liefert die Auswertung eine kritische Mizellbildungskonzentration in 1 mM NaBr-Lösung von c= 0,13 g/l. Das Verhältnis von Trägheitsradius zu hydrodynamischem Radius des Aggregats nimmt im Rahmen des Fehlers einen Wert von 1,0 an, ein typischer Wert für die kugelförmigen Strukturen.

Tabelle 5–1: Ergebnisse der statischen und dynamischen Lichtstreuung für Tensid B in 1 mM NaBr-Lösung; CMC=0,13 g/l

Konz. / g/l	c_F/c_S	$M_w \cdot (dn/dc)^2$	R_g / nm	R_h / nm	ρ-Verhältnis
3,32	18,7	2,159E+05	133,5	131,5	1,02
2,556	14,4	2,308E+05	135,3	131,7	1,03
1,896	10,7	1,794E+05	135,7	129,2	1,05
1,279	7,2	2,014E+05	137,4	132,2	1,04

Ein weiterer Ansatz, den Einfluss des Fremdsalzes bei der Ausbildung des Aggregats zu untersuchen, ist die Verwendung von reinem Wasser an Stelle von 1 mM NaBr-Lösung. Um zu gewährleisten, dass die Ergebnisse für die unterschiedlichen Systeme vergleichbar sind, wurden die Herstellung der Stammlösung sowie die Titrationsexperimente nach identischen Bedingungen, wie zuvor in 1 mM NaBr-Lösung, durchgeführt.

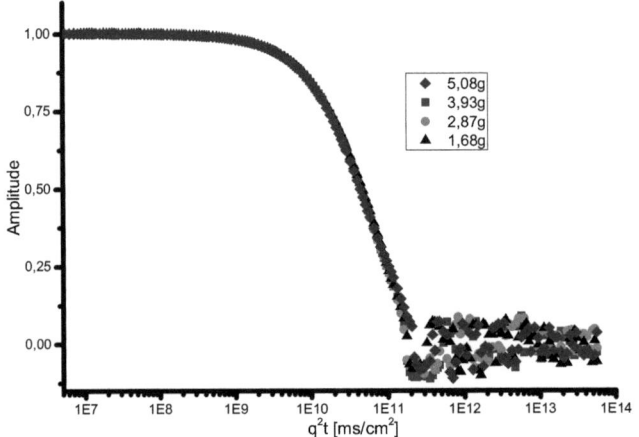

Abbildung 5–13: Vergleich der Korrelationsfunktion bei 30° für Tensid B in reinem Wasser

Abbildung 5–13 zeigt die Korrelationsfunktion des Tensids bei einem Streuwinkel von 30° in reinem Wasser, bei einer Konzentration von 5,08 g/l bis 1,68 g/l zum Vergleich. Dabei wird kein signifikanter Unterschied beobachtet. Die Korrelationsfunktion bei den verschiedenen Winkeln wurde wiederum mit der Summe von Mono- und Biexponentialfunktionen gefittet. Die statischen Lichtstreudaten wurden bei jeder Konzentration nach Berry und mit Hilfe der konzentrationsnormierten Rayleigh-Verhältnisse $M_{w,app}\cdot(dn/dc)^2$ ausgewertet. Die Ergebnisse der statischen und dynamischen Lichtstreuung an den Komplexlösungen sind in Tabelle 5–2 zusammengefasst.

Tabelle 5–2: Ergebnisse der statischen und dynamischen Lichtstreuung für Tensid B in reinem Wasser; CMC=0,28 g/l

Konz. / g/l	$M_w\cdot(dn/dc)^2$	R_g / nm	R_h / nm	ρ-Verhältnis
5,08	5,164E5	130,8	129,4	1,01
3,93	5,131E5	131,2	129,6	1,01
2,87	5,146E5	133,3	130,0	1,03
1,68	4,208E5	131,4	126,0	1,04

Die aus der konzentrationsabhängigen Streuintensität bestimmte kritische Mizellbildungskonzentration (CMC) in reinem Wasser ist im Vergleich zu der in 1 mM NaBr hergestellten Tensidlösung mit einem Wert von 0,28 g/l deutlich erhöht. Die Unterschiede bei der Grenzkonzentration werden mit einer Abschirmung der Ladungen erklärt. Die Fremdsalzzugabe führt zur Abschwächung der abstoßenden elektrostatischen Kräfte zwischen den positiv geladenen Kopfgruppen und somit kann der hydrophobe Anteil des Tensids leicht aggregiert werden. Dieser Effekt wird auch von M. N. Jones et. al. bei den Experimenten mit wässrigen DTAB-Lösungen in Abhängigkeit von der NaBr-Konzentration diskutiert[131].

Bei Betrachtung der Ergebnisse (Tabelle 5–1 und Tabelle 5–2) fällt auf, dass der hydrodynamische Radius sowie der Trägheitsradius im Rahmen des Fehlers identisch sind. Identische Experimente mit reinem Wasser führen, wie zu erwarten war, zu keinen Veränderungen und es bilden sich wiederum sphärische Aggregate. Mit Salzzugabe sinkt das konzentrationsnormierte Rayleigh-Verhältnis $M_{w,app}\cdot(dn/dc)^2$ im Vergleich zur Messung in reinem Wasser. Um dies präzise zu klären, müsste eine genaue Bestimmung der Konzentrationen und des Wertes dn/dc durchgeführt werden, auf die im Rahmen dieser Arbeit jedoch wegen der geringen zur Verfügung stehenden Probenmenge verzichtet wurde.

5.4 Herstellung Tensid C

Wie schon vorher erwähnt, wurde in diesem Abschnitt zusätzlich das Molekül mit zwei hydrophilen Teilen hergestellt, um Änderungen der Eigenschaften hinsichtlich der DNA-Tensid-Komplexbildung studieren zu können. Dazu wird das Oligoethylenoxid bzw. das Spermin als Untereinheit zur Herstellung des Tensid C gewählt, wobei zum einen das mono-tert-Butylgeschützte Oktaethylenglykol zum anderen das monofuktinelle Tri-Boc-Spermin verwendet wurde (Abbildung 5–14). Die Aktivierung des mono-tert-Butyloktaethylenglykols wurde analog zu Kapitel 5.1 nach der gleichen Verfahrensweise durch Zugabe von Tosychlorid in THF-Lösung in Gegenwart von Natronlauge erreicht. Die Herstellung des α-tert-butyl-ω-tosyl-Oktaethylenglykols erfolgte mittels ^{1}H-NMR-Spektrum, wie in Abbildung 5–15 gezeigt wird.

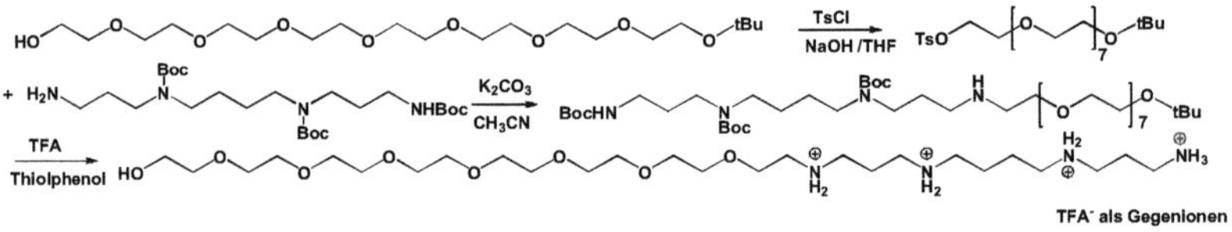

Abbildung 5–14: Reaktionsschema zur Synthese des Tensids C

Im Vergleich des ^{1}H-NMR-Spektrums von Mono-tert-Butyl-Octaethylenglykol in Abbildung 5–3 mit dem Ergebnis für das entsprechende Tosylat in Abbildung 5–15 lässt sich der Erfolg der Umsetzung sehr gut erkennen. Das Tosylat zeigt das charakteristische Dublett bei 7,79 ppm und 7,30 ppm. Die dem Tosylat benachbarte Methylengruppe ist wiederum im Tieffeld verschoben und tritt als Triplett bei 4,13 ppm auf. Die Reinheit dieser Verbindung wurde zusätzlich mit ESI-Messung überprüft. Das gefundene Signal entspricht mit seiner Masse dem gewünschten Produkt.

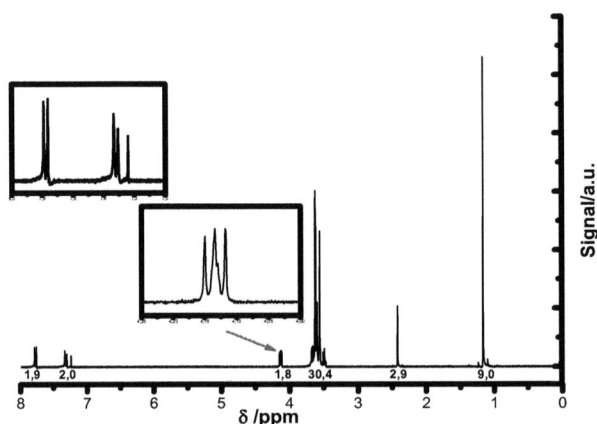

Abbildung 5–15: 1H-NMR von α-tert-butyl-ω-tosyl-Octaethylenglykol

Die Kopplung der zwei vorher hergestellten hydrophilen Untereinheiten wurde wiederum nach der abgewandelten Vorschrift von S. Sonda et al unternommen[130]. Die erfolgreiche Umsetzung konnte mittels ^{1}H-NMR-Spektrum in Abbildung 5–16 durch das Verschwinden der charakteristischen Signale der Tosylgruppe und durch das verbleibende Singulett der tert-Butylprotonen bei einer chemischen Verschiebung von 1,17 ppm bewiesen werden.

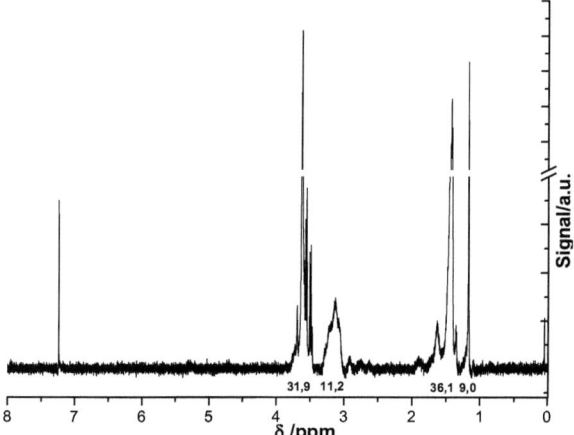

Abbildung 5–16: ^{1}H-NMR von dem Boc- und tert-Buthylgeschützten Tensid C

Die Einführung der Gegenionen an das Tensid C wurde durch Abspaltung der Boc- und tert-Butylschutzgruppe mit der Trifluoressigsäure verfolgt. Nach Ausfällung und mehrmaligem Waschen mit Diethylether wurde die Reinheit des Produkts auch in diesem Fall durch Aufnahme eines HPLC-Chromatogramms überprüft (Abbildung 5–17) und keine weiteren Verunreinigungen festgestellt.

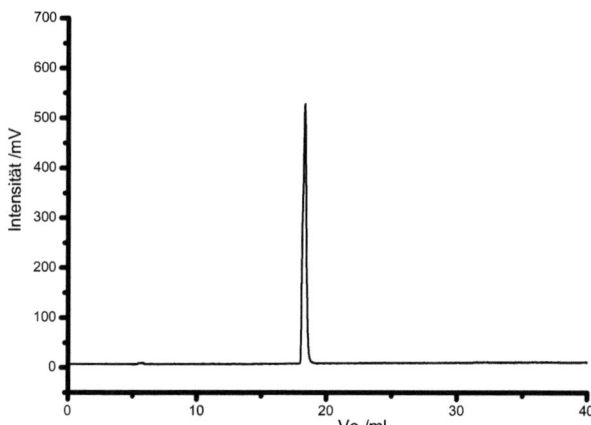

Abbildung 5–17: HPLC-Chromatogramm des Tensids C mit TFA⁻ als Gegenionen; Perfect-Bond ODS-HD-Säule 250*4.6mm, Particle Size: 5um; LS-detektor, T=25°C ; Gradient: 40 min, 20/80→ 95/5 (Methanol/Wasser+0.1% TFA)

Ergebnisse der dynamischen Lichtstreuung von Tensid C

Die Eigenschaft von Tensid C wurde durch dynamische Lichtstreuung in Wasser sowie in Methanol mit Zugabe von LiBr als Fremdsalz charakterisiert. Als Konzentration wurde in beiden Fällen 10 g/l gewählt, um ein stärkeres Signal bei den Lichtstreumessungen zu erhalten. Entsprechend musste auch die Salzkonzentration bei 0,1 mol/l für ein ausreichendes Ladungs-zu-Salz-Verhältnis gewählt werden.

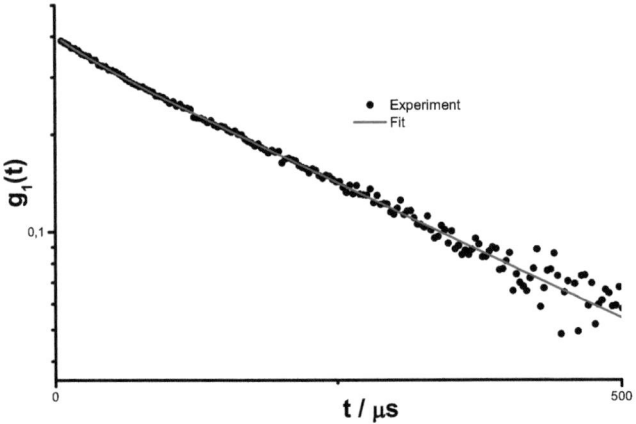

Abbildung 5–18: Korrelationsfunktion (DLS, 0,1 M LiBr/H_2O) des Tensids C mit c=10 g/l bei einem Streuwinkel von 15°, λ=632,8 nm; R_h=0,62 nm, μ_2=0

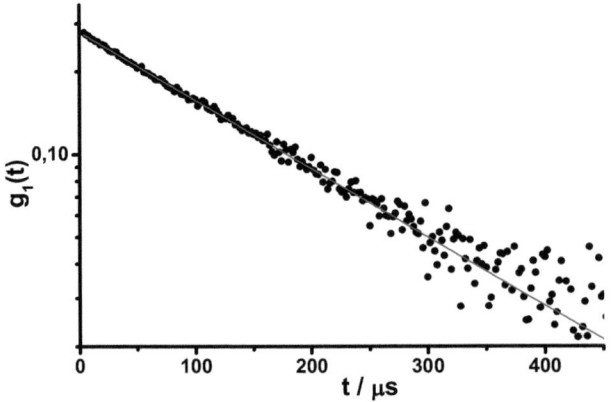

Abbildung 5–19: Korrelationsfunktion (DLS, 0,1 M LiBr/CH_3OH) des Tensids C mit c=10 g/l bei einem Streuwinkel von 15°, λ=632,8 nm; R_h=0,62 nm, μ_2<0,05

Abbildung 5–18 und Abbildung 5–19 zeigen die Korrelationsfunktion bei einem Streuwinkel von 15° in Wasser und zum Vergleich in Methanol. Es ist deutlich zu erkennen, dass Tensid C sich mit LiBr in Wasser ähnlich wie in Methanol verhält. Die gemessene Korrelationsfunktion ist bei beiden Fällen monodispers und es wird ein hydrodynamischer Radius von $<R_h>_z$ kleiner als 1 nm erhalten. Es ist jedoch zu bemerken, dass es in den verwendeten Lösungsmittelsystemen zu keiner Aggregation kommt.

5.5 Herstellung Tensid D

Gegenstand dieses Abschnitts ist die Entwicklung der Synthese des neuartigen kationischen Tensids, basierend auf Oligoethylenoxiden als hydrophilem Teil und Dodecylketten als hydrophobem Teil sowie zusätzlicher endständiger positiver Kopfgruppe. Die Herstellung des kationischen Tensids D erfolgt in zwei Schritten unter den in Abbildung 5–20 und Abbildung 5–22 dargestellten Reaktionsschemen.

Für die Synthese des α,ω-geschützten Diblockoligoethylenoxiddodecyls wurde auf eine modifizierte Williamson´sche Ethersynthese[132] zurückgegriffen, so dass benzylgeschütztes Dodecyltosylat mit dem tert-butylgeschützten Alkoholat des Oligoethylenglykols in trockenem Toluol in Gegenwart von 18-Krone-6 als Kupplungshilfsreagenz zur Umsetzung gebracht wurde. Um Spuren von Wasser und gelöstem Sauerstoff zu entfernen, wurde trockenes Toluol vor der Reaktion frisch unter Schutzgas destilliert. Die Synthese muss komplett unter Schutzgas ausgeführt werden. Nach drei Wochen Reaktionsdauer war ein vollständiger Umsatz nahezu erreicht. Das α, ω-geschützte Zweiblockoligomer konnte als reine Verbindung säulenchromatographisch isoliert werden. Zur Funktionalisierung dieser Diblockverbindung wird das α-Benzyloxy-ω-tert-butoxyl-dodecyloktaethylenglykol nach selektiver Abspaltung der Benzylschutzgruppe und anschließend durch Einführen der Tosylgruppe[148] aktiviert.

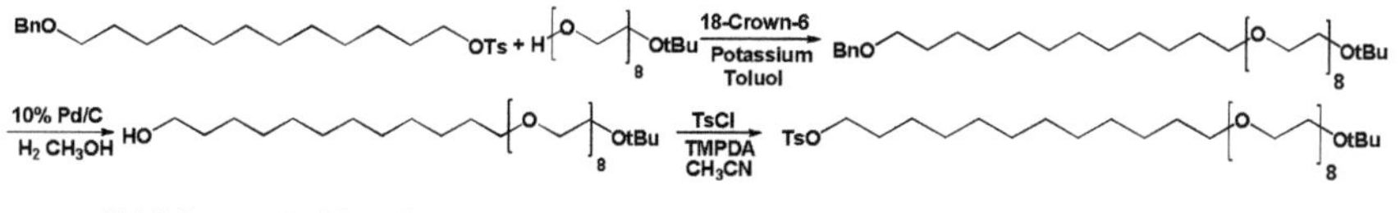

Abbildung 5–20: Reaktionsschema zur Synthese von α,ω-heterobifunktionellen-Oktaethylenoxiddodecyl-Diblöcken

Die erfolgreiche Umsetzung wurde mit der Aufnahme des ^{1}H-NMR-Spektrums überprüft. In Abbildung 5–21 sind deutlich die tert-Butyl-Protonen bei 1,17 ppm als Singulett zu erkennen. Im Bereich zwischen 1,18 ppm und 1,82 ppm liegen die Signale der Methylengruppen der aliphatischen Kette. Die der Benzyl- und Hydroxygruppe bzw. Ethylenoxid benachbarten Protonen erscheinen mit Oligothylenoxid als Multiplett im Bereich von 3,40 ppm und 3,75ppm. Die dem Tosylat benachbarte Methylengruppe ist wiederum im Tieffeld verschoben und tritt als Triplett bei 3,99 ppm auf. Außerdem erkennt man in Abbildung 5–21 A und C deutlich die aromatischen Signale, sowie das zusätzliche Singulett jeweils bei 4,48 ppm und 2,42 ppm, was auf die Erhaltung der Benzyl- bzw. Tosylgruppe zurückgeführt werden kann.

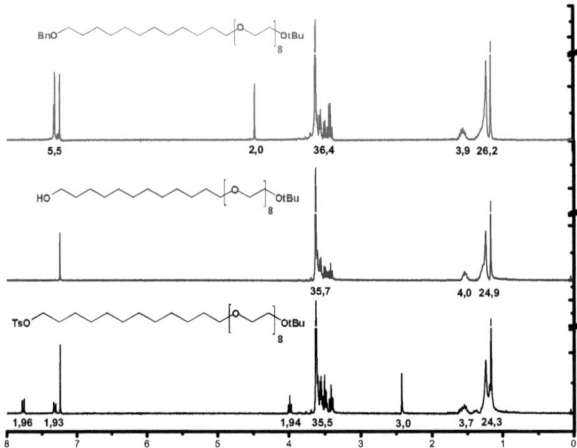

Abbildung 5–21: ^{1}H-NMR der α,ω-heterobifunktionellen Oktaethylenoxiddodecyl-Diblöcke

Die Einführung der kationischen Ammoniumgruppe an der Zweiblockoligomere kann ausgehend von dem monoaktivierten Dodecyloktaethylenglykol auf zwei unterschiedlichen Wegen nach dem in Abbildung 5–22 dargestellten Reaktionsschema durchgeführt werden.

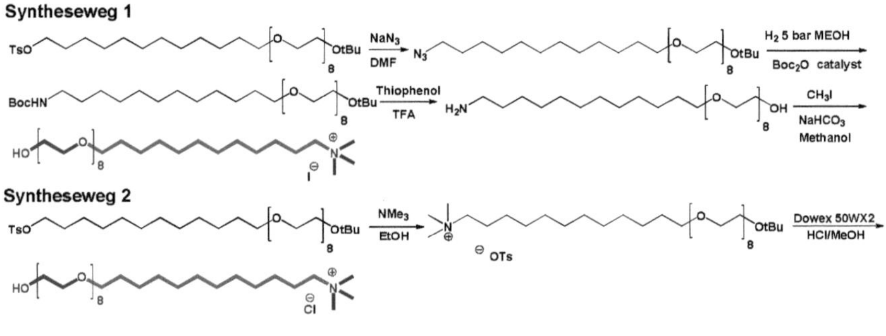

Abbildung 5–22: Reaktionsschema zur Synthese des Tensids D

Zum einen wurde zuerst das Tosylat mit Natriumazid zum Azid nach einer abgewandelten Vorschrift von Yoshimi Murozuka et. al. umgesetzt[133]. Das erhaltene Zwischenprodukt konnte anschließend mit di-tert-Butyl-dicarbonat in Methanol mit H_2 unter 5 bar in Gegenwart von Lindlarkatalysator zum Carbamat reagiert werden[134], wobei dann das Amin durch Abspaltung der Boc-Gruppe freigesetzt wurde. Um die kationische Kopfgruppe zu erhalten, wird das Amin mit Methyliodid in Methanol nach einer abgewandelten Vorschrift von Simin Liu et.al. durchgeführt[135]. Nach Aufarbeitung und chromatographischer Reinigung konnte das Produkt sauber isoliert werden, wie durch ^{1}H-NMR-Spektroskopie und mittels Massenspektrometrie nachgewiesen wurde. Die erfolgreiche Umsetzung ist in Abbildung 5–23 (unten) durch das Verschwinden des charakteristischen Singuletts der tert-Butyl- und Boc-Schutzgruppe belegt. Außerdem sind die typischen Signale bei 3,47 ppm vorhanden, was für die Erhaltung der Methylengruppe des kationischen Ammoniumkopfs spricht. Das im ESI-Spektrum detektierte Signal entsprach der erwarteten Verbindung. Nachdem mit diesen System keine befriedigende Ausbeute bei der Synthese erhalten wurde, musste die Synthese geändert werden, um zu einer höheren Ausbeute zu gelangen. Für diesen Zweck wird das mit Tosylgrupe aktivierte Decaethylenglykol mit Trimethylamin in Ethanol umgesetzt. Nach Verschließen des Autoklaven wurde das Reaktionsgemisch 3 Tage bei 75 °C durchgeführt. Die Aufreinigung des gewünschten Produkts erfolgte unter Ionenaustauschchromatographie mit Dowex 50WX2. Diese Synthesemethode liefert größere Ausbeuten (über 70 %) als Syntheseweg 1 (maximal 15%).

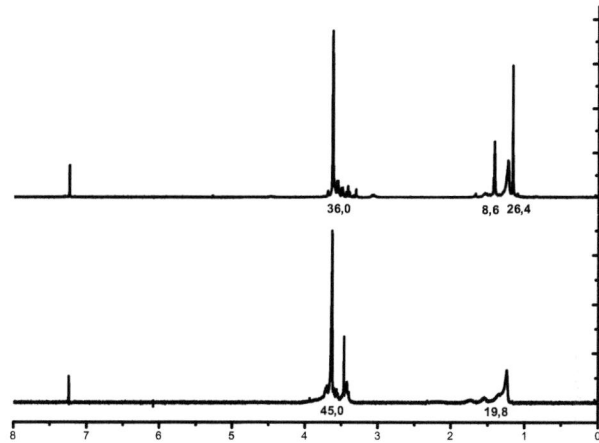

Abbildung 5–23: ^{1}H-NMR des Boc-Carbamats (oben) und Tensids D (unten)

Die Reinheit des erhaltenen Tensids wird durch Aufnahme eines HPLC-Chromatogramms überprüft. In Abbildung 5–24 sind keine Signale zu erkennen, die nicht dem gewünschten Produkt zugeordnet werden können.

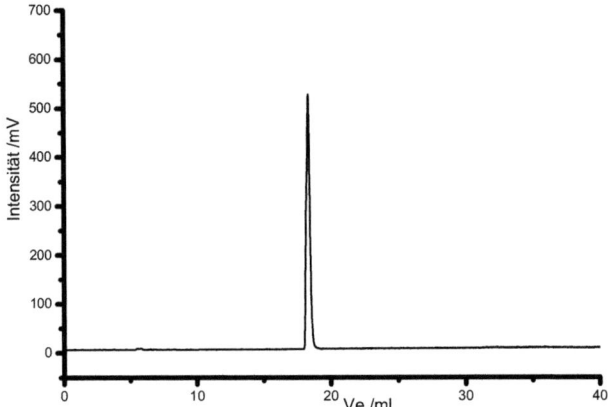

Abbildung 5–24: HPLC- Chromatogramm des Tensids D; PerfectBond ODS-HD-Säule 250*4.6mm, Particle Size: 5um; LS-detektor, T=25°C ; Gradient: 40 min, 20/80→ 95/5 (Methanol/Wasser+0.1% TFA)

5.6 Herstellung Tensid E

Die Struktur des Tensids E setzt sich aus drei Untereinheiten zusammen. Dabei handelt es sich um ein hydrophiles Ethylenoxid, eine unpolare Alkylgruppe und einen Sperminrest mit vier kationischen Ladungen. Die Synthese dieser amphiphilen Dreiblockstruktur erfolgt analog zu Tensid D und ist in Abbildung 5–25 dargestellt. Hierbei wird bei konstanter Länge der hydrophilen Einheit, die kationische Kopfgruppe vergrößert bzw. die hydrophobe Alkylkette verkürzt. Bei dem hydrophoben Anteil, welcher zuerst mit der hydrophilen Einheit verbunden wird, wurde im ersten Schritt, 6-bromohexanol nach einer Vorschrift von S, Jew et.al[151] mit einer Benzyl-Schutzgruppe versehen, um die freie Hydroxylgruppe bei der anschließenden Kopplungsreaktion angreifen zu können. Nach einer abgewandelten Williamson´schen Ether-Synthese wird dazu die amphiphile Diblock-Verbindung mit dem Mono-tert-Butyloktaethylenglykol bzw. benzyl-geschütztem Hydroxy-hexylbromid in Gegenwart von Natriumhydrid als Base dargestellt. Die Funktionalisierung der endständigen Alkylgruppe des α,ω-geschützten Diblockoligoethylenoxidhexyls wird nach Abspaltung der Benzylschutzgruppe bzw. durch Umsetzung mit Tetrabrommethan und Triphenylphosphin in THF verfolgt und somit eine Bromidgruppe an dem hydrophoben Segment angeschlossen. Die erfolgreiche Umsetzung konnte durch ^{1}H-NMR-Spektroskopie und mittels Massenspektrometrie nachgewiesen werden. Abbildung 5–26 zeigt das ^{1}H-NMR-Spektrum des mit der Bromidgruppe aktivierten Diblockmoleküls. Neben den Signalen der tert-Butylschutzgruppe (als Singulett bei 1,17 ppm) liegen drei verschiedene Multipletts im Bereich von 1,23 ppm bis 1,91 ppm vor. Diese Multipletts entsprechen den inneren Methylengruppen der Hexylketten. Die dem tert-Butylethylenoxid und dem Bromid benachbarten Protonen erscheinen als Multiplett durch die Überlagerung der Signale im Bereich zwischen 3,35 ppm und 3,47 ppm. Die Protonen des Ethylenoxids bilden ausgeprägte Multipletts im Bereich zwischen 3,52 ppm und 3,68 ppm. Die im Massenspektrum detektierten Signale bestätigen zusätzlich, dass die erwartete Verbindung nach säulenchromatographischer Aufreinigung sauber isoliert wurde.

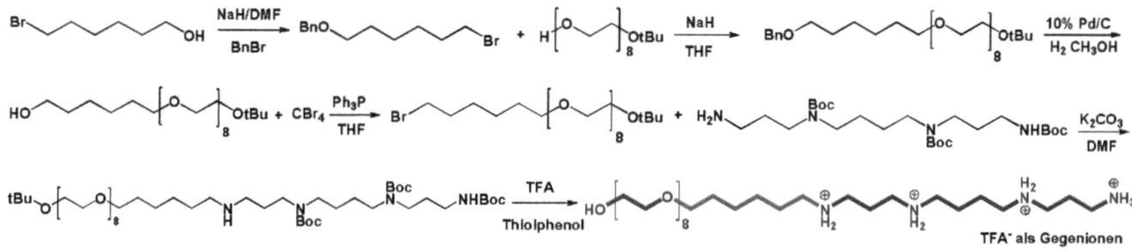

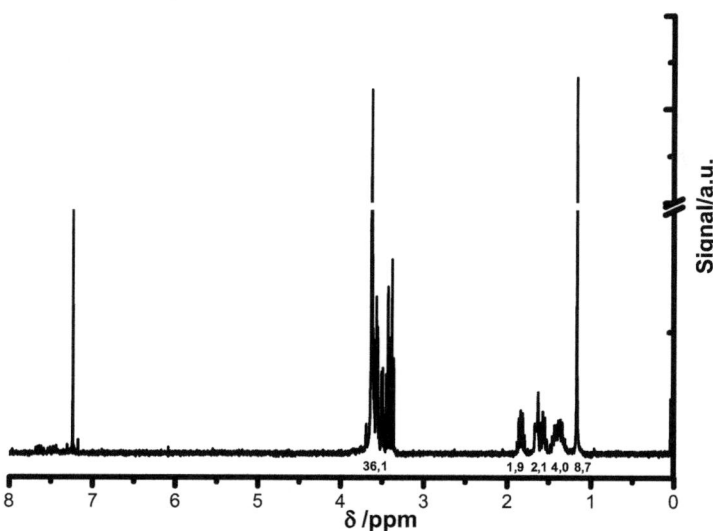

Abbildung 5–25: Reaktionsschema zur Synthese des Tensids E

Abbildung 5–26: ^{1}H-NMR des α-tetr-Butyl-ω-Bromid-Oktaethylenoxidhexyldiblocks

Die Kombination des monoaktivierten Diblockmoleküls und des tri.boc-geschützten Spermins ist analog zu der Kopplungsreaktion zur Herstellung des Tensids B, in DMF mit Kaliumcarbonat als Kupplungshilfsreagenz gelungen. Das so erhaltene polyfunktionale „Triblock"-Molekül wurde durch zweifache Flashchromatographie aufgereinigt und mit ^{1}H-NMR-Spektroskopie analysiert.

In Abbildung 5–27 ist das ^{1}H-NMR-Spektrum der Boc- und tert-Butylgeschützten „Dreiblockstruktur" zu sehen. Die Protonen der Ethylenoxiduntereinheit bilden ausgeprägte Multipletts im Bereich zwischen 3,72 ppm und 3,46 ppm. Die stickstoffbenachbarte Methylengruppe des Sperminsegments, welche an die Alkylkette gebunden ist, ist als breiteres Signal im Bereich von 3,42 ppm zu 2,72 ppm zu beobachten, was den verschiedenen Konformeren entspricht. Deutlich ist auch ein Signal für die Protonen der sauerstoffbenachbarten Methylgruppe des Hexylrestes zu erkennen. Zwei Singuletts, welche im tieferen Feld bei 1,42 ppm und 1,17 ppm detektiert werden, sind der Boc- und tert-Butylschutzgruppe zugeordnet. Die Ergebnisse der Massenspektroskopie bestätigen zusätzlich, dass es sich beim hergestellten Produkt um die gewünschte Verbindung handelt.

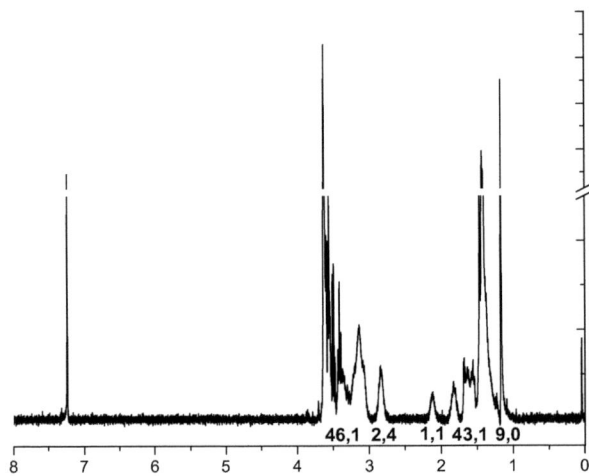

Abbildung 5–27: 1H-NMR von dem Boc- und tert-Butylgeschützten Tensid E

Bei Einführung der TFA Gegenionen an dem Tensid E erfolgt die Abspaltung der Boc-Schutzgruppe auf analoge Weise. In Abbildung 5–28 wird das HPLC-Chromatogramm des Tensids E gezeigt, welches nach Protonierung mit Trifluoressigsäure in Gegenwart von Thiophenol und anschließendem mehrmaligem Umfällen aus Diethylether erhalten wurde. Dabei wurden keine Verunreinigungen nachgewiesen.

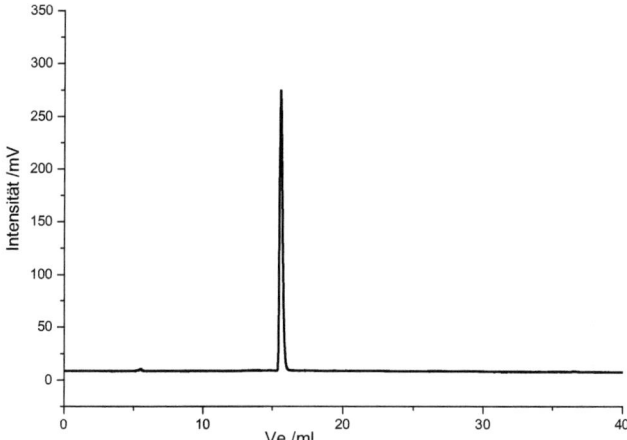

Abbildung 5–28: HPLC-Chromatogramm des Tensids E mit TFA⁻ als Gegenionen; Perfect-Bond ODS-HD-Säule 250*4.6mm, Particle Size: 5um; LS-Detektor, T=25°C; Gradient: 40 min, 45/55 → 95/5 (Methanol/Wasser+0.1% TFA)

5.7 Herstellung Tensid F

Zu Vergleichszwecken wurde in diesem Abschnitt das Dreiblocktensid F mit einer langen Alkylkette hergestellt. Dabei wurden der α-Benzyl-ω-tert-Butyl-Oktaethylenoxid-Dodecyldiblock und das tri-Boc-geschützte Spermin als Ausgangsreagenzien ausgewählt (Abbildung 5–29).

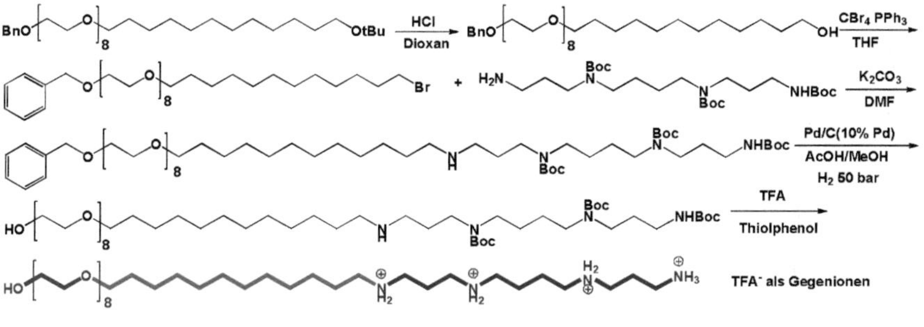

Abbildung 5–29: Reaktionsschema zur Synthese des Tensids F

Die Monofuktionalisierung der „Diblockstruktur" erfolgt nach Abspaltung der tetr-Butyl-Schutzgruppe und durch Einführung des Bromids an dem Dodecylkettenende auf analoge Weise. Nach der Kupplungsreaktion wird dazu Boc- und benzylgeschütztes Tensid F mit α-

Benzyl-ω-Bromid-Oktaethylenoxiddodecyl und tri-Boc-Spermin in DMF dargestellt. Anschließend wird die Benzyl-Schutzgruppe durch katalytische Hydrierung mit Pd/C abgespalten. Das nach chromatographischer Reinigung isolierte Zwischenprodukt wurde durch ^{1}H-NMR-Spektrum analysiert.

In Abbildung 5-30 ist das ^{1}H-NMR-Spektrum von Boc-geschütztem Dreiblocktensid F gezeigt. Die Boc-Schutzgruppen sind bei einer chemischen Verschiebung von 1,44 ppm eindeutig nachzuweisen. Die stickstoffbenachbarten Methylenprotonen treten wiederum als breite Bande im Bereich von 3,42 ppm und 2,72 ppm auf. Daneben ist das Triplett für die Protonen der sauerstoffbenachbarten Methylengruppe des Dodecyl-restes bei 3,45 ppm, sowie das Signal für die Ethylenoxidgruppe zwischen 3,76 ppm und 3,49 ppm als Multiplettpeak zu erkennen.

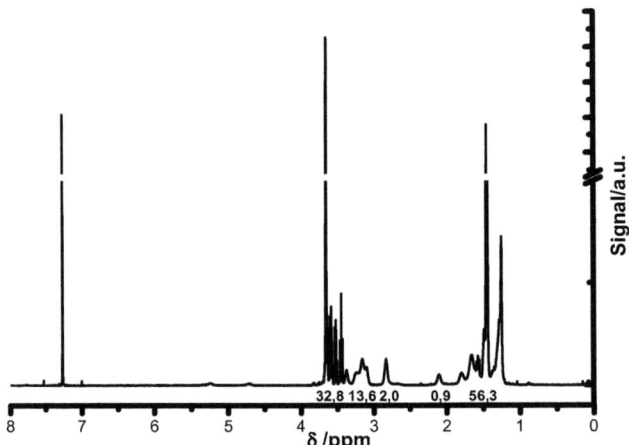

Abbildung 5-30: ^{1}H-NMR von dem Boc-geschützten Tensid F

Das Dreiblocktensid F mit TFA als Gegenionen ist nach der gleichen Verfahrensweise, wie im vorherigen Abschnitt beschrieben, durch Abspaltung der Boc-Schutzgruppe mit Trifluoressigsäure in Gegenwart von Thiophenol zugänglich. Die Reinheit des Tensids wurde nach Umkristallisation aus Diethylether mittels Massenspektrometrie, sowie durch die Aufnahme eines HPLC-Chromatogramms (Abbildung 5-31) überprüft. Es sind dabei keine Signale zu erkennen, die nicht dem gewünschten Produkt zugeordnet werden können.

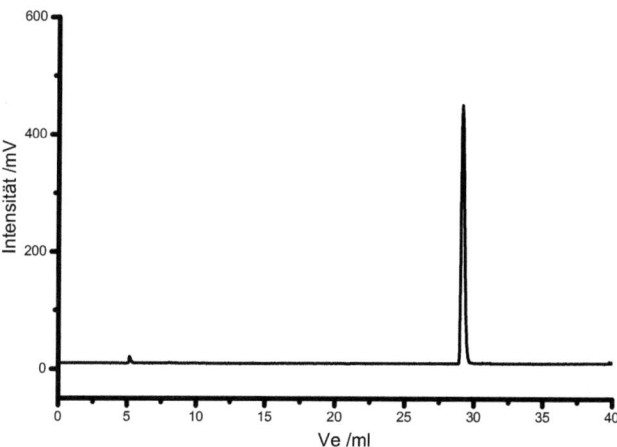

Abbildung 5–31: HPLC-Chromatogramm des Tensids F mit TFA− als Gegenionen; Perfect-Bond ODS-HD-Säule 250*4.6mm, Particle Size: 5um; LS-Detektor, T=25°C ; Gradient: 40 min, 30/70 → 80/20 (Methanol/Wasser+0.1% TFA)

Ergebnisse der statischen und dynamischen Lichtstreuung von Tensid F

Um das Aggregationsverhalten von Tensid F zu verstehen, wurden identische Lichtstreuexperimente mit zwei Lösungsmittelsystemen durchgeführt: Dabei wurden zwei Lichtstreuküvetten zum einen mit einer Tensidkonzentration von 11,3 g/l in 1 mM NaBr-Lösung und zum anderen mit einer Tensidkonzentration von 11 g/l in 1 M NaBr-Lösung als Stammlösung versehen und durch Titrationsexperimente untersucht. Nach jedem Titrationsschritt wurde die Tensidlösung unter einem konstanten Zeitabstand von einem Tag und anschließend mittels statischer und dynamischer Lichtstreuung charakterisiert. Abbildung 5–32 zeigt den Vergleich der Korrelationsfunktionen für Tensid F bei einem Streuwinkel von 30° nach Verdünnung mit 1 mM NaBr-Lösung. Geringe Abweichungen sind bei einer Tensidkonzentration von 4,04 g/l zu bemerken. Die Änderung der Korrelationsfunktion kann durch die Reduktion der abstoßenden elektrostatischen Wechselwirkung der hydrophilen Kopfgruppe abgeschätzt werden, was an späterer Stelle diskutiert wird. Die gemessenen Korrelationsfunktionen sind in diesem Fall bei jedem Winkel mit Hilfe einer Summe von Mono- und Biexponentialfunktionen gefittet. Der Diffusionskoeffizient des Fast-mode, welcher bei kleinen Korrelationszeiten einem hydrodynamischen Radius von ca. 0,8 nm zuzuordnen ist, entspricht der Größenordnung eines einzelnen Tensid-Moleküls. Der Mittelwert des hydrodynamischen Radius des Aggregats wird durch Auftragung des Diffusionskoeffizienten des Slow-mode gegen q^2 und nach Extrapolation auf q^2

= 0 bzw. durch die Stokes-Einstein-Gleichung erhalten. Der Trägheitsradius wurde bei jeder Konzentration nach Berry-Plot ermittelt und unter Annahme des gemessenen Brechungsindexinkrements von 0,1275 ml/g die apparente Molmasse bestimmt. Die Auswertung der statischen und dynamischen Lichtstreuung führt zu den in Tabelle 5–3 zusammengefassten Ergebnissen.

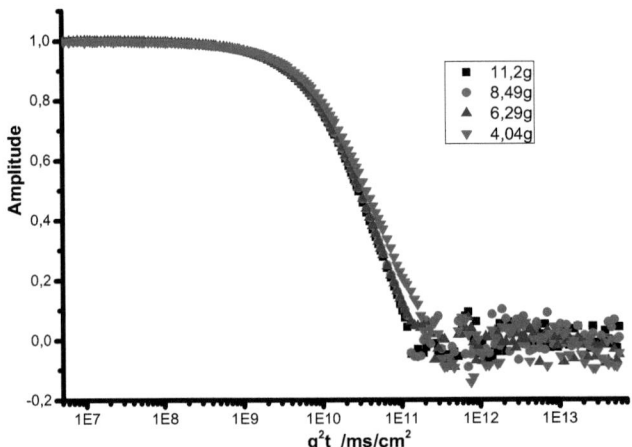

Abbildung 5–32: Vergleich der Korrelationsfunktion bei 30° für Tensid F in 1 mM NaBr-Lösung

Tabelle 5–3: Ergebnisse der statischen und dynamischen Lichtstreuung für Tensid F in 1 mM NaBr-Lösung

Konz. / g/l	c_P/c_S	M_w / g/mol	R_g / nm	R_h / nm	ρ-Verhältnis
11,29	38	6,325e4	90,1	79	1,15
8,49	28	6,297e4	90,5	80	1,13
6,29	21	6,417e4	93,9	81	1,16
4,04	14	9,598e4	119,1	92	1,29

Im Fall des Trägheitsradius (Tabelle 5–3) wird ebenfalls ein signifikanter Unterschied bei Tensidkonzentration von 4,04 g/l beobachtet. Der hydrodynamische Radius ist auch leicht vergrößert im Vergleich zu den Messungen bei höheren Konzentrationen. Die gemessenen Radien weisen für einen bestimmten Konzentrationsbereich eine Unstetigkeit auf, so dass die Aggregate in einer multimodalen Größenverteilung vorliegen. Das Tensid F bildet sich in gemessen Konzentrationsbereichen, zumindest zwei Übergangsstrukturen. Jede Übergangsstruktur koexistiert mit einem Assoziations- und Dissoziationsprozess in einem dynamischen Gleichgewicht. Der Dissoziationsgrad und die Ladungsdichte der Kopfgruppen sind abhängig von zugesetzten Salzen[136,137]. Die lokal starken elektrischen Felder der geladenen, hydrophilen Gruppen nehmen Einfluss auf die Größe des Aggregats in Lösung. Bei Salzzugabe kommt es zu einer Ladungsabschirmung. Relativ zu einer steigenden Zugabe der NaBr-Lösung bei den Titrationen sinkt die positive Ladungskonzentration der hydrophilen Kopfgruppe und die effektive Ladungsdichte nimmt ab. Somit kann die spontane Aggregation ionischer Tenside, bei einer bestimmten Grenzkonzentration der Übergangsstruktur, nach Zugabe der Salzlösung zu kleineren Tensidkonzentrationen verschoben werden. Das Verhältnis von Trägheitsradius zu hydrodynamischem Radius liegt im Bereich von 1,13 bis 1,29. Das für niedrigere Konzentration leicht erhöhte Verhältnis ist wahrscheinlich auf eine erhöhte Polydispersität der gebildeten Aggregate zurückzuführen (Änderung der Größenverteilung der Übergangsstrukturen). Die mittlere Aggregationszahl des Aggregats wird durch die Quotienten aus der Molmasse des Aggregats und der Molmasse des einzelnen Tensid-Moleküls ermittelt und liegt bei der gemessenen Tensidlösung im Bereich von n= 53 bis n= 80 des einzelnen Moleküls. Warum mit so kleinen Aggregationszahlen eine solch große Struktur gebildet wird, kann auf Basis der durchgeführten Experimente nicht geklärt werden.

Ein weiteres Experiment ist das Vergrößern der Fremdsalzkonzentration durch Verwendung einer 1 M NaBr-Lösung und wird nach der gleichen Verfahrensweise wie oben beschrieben durchgeführt. Die gemessenen Korrelationsfunktionen sind in Abbildung 5–33 bei einem Streuwinkel von 30° zusammengefasst. Dies weist wiederum eine Unstetigkeit bei Konzentration zwischen 11 g/l und 8,2 g/l auf. Es wird bei einer Änderung der Korrelationsfunktion nach Verdünnen mit 1 M NaBr-Lösung nochmals beobachtet, dass die Tensid-Lösung in den untersuchten Konzentrationen in mehreren Übergangstrukturen (multimodale Größenverteilung) vorhanden sein sollte, was mit der vorherigen Interpretation übereinstimmt. Die Korrelationsfunktionen aus der dynamischen Lichtstreuung wurden mit einer Kombination von Mono- und Biexponentialfunktion ausgewertet. Der Trägheitsradius wurde nach Extrapolation durch Berry-plot ermittelt. Die Ergebnisse befinden sich in Tabelle 5-4. Da das Brechungsindexinkrement aufgrund fehlender Substanzmenge nicht gemessen werden konnte, sind die Ergebnisse unter der Annahme eines (dn/dc)-Wertes in 1 mM NaBr-Lösung von 0,1275 ml/g angegeben.

Es wird deutlich, dass sich die Stammlösung signifikant von der nach dem Verdünnen unterscheidet. Das Aggregat zeigt ein starkes Größenwachstum mit der Zugabe der 1 M NaBr-Lösung, bis es zur Bildung von Aggregaten von über 137 nm kommt. Das Verhältnis von Trägheitsradius zu hydrodynamischem Radius des Aggregats nimmt im Rahmen des Fehlers einen Wert von 1,0 an, ein typischer Wert für polydisperse Kugeln bzw. ellipsoide Strukturen.

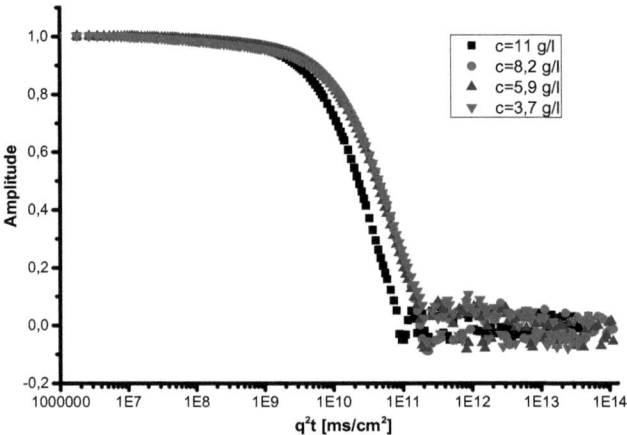

Abbildung 5–33: Vergleich der Korrelationsfunktion bei 30° für Tensid F in 1 M NaBr-Lösung

Tabelle 5–4: Ergebnisse der statischen und dynamischen Lichtstreuung für Tensid F in 1 M NaBr-Lösung

Konz. / g/l	c_F/c_S	M_w / g/mol	R_g / nm	R_h / nm	ρ-Verhältnis
11	0,037	2,007e5	119,0	120,5	0,99
8,2	0,027	1,736e5	138,0	136,7	1,01
5,9	0,020	1,468e5	137,9	133,9	1,03
3,7	0,012	1,099e5	141,1	137,1	1,03

Das Vergrößern der Fremdsalzkonzentration zeigt also den erwarteten Einfluss auf das Aggregationsverhalten von Tensid F. Durch Erhöhung des Fremdsalzes wird die Ladungsdichte gesenkt und es kommt zu einer Reduktion der abstoßenden elektrostatischen Wechselwirkung zwischen den geladenen Kopfgruppen des Tensids, was ein Vergrößern des Aggregats zur Folge hat. Für eine genauere qualitative und quantitative Abschätzung des Einflusses von Fremdsalz müssten noch mehr Experimente durchgeführt werden und z. B. eine Reihe von Tensid-Lösungen mit verschiedenen Fremdsalzkonzentrationen herangezogen werden. Aufgrund der geringen Probenmengen wurde die erweiterte Charakterisierung nicht durchgeführt.

5.8 Zusammenfassung von Kapitel 5

Die Beschreibung der Synthese im Rahmen dieses Kapitels zeigt, dass es gelungen ist, mit dem entwickelten Syntheseprinzip unter Einsatz von orthogonaler Schutzgruppenchemie und funktionaler Transformation durch einfache nukleophilie Substitution die Kopplung der Elementareinheiten zu Komplexeren, auch ionischen Tensiden durchzuführen. So werden dreiblockartige Strukturen aus den variablen Untereinheiten, funktionales neutrales Hydrophil (Oligoethylenoxid), aliphatische Kette und multiionische hydrophile Kopfgruppe vergleichsweise einfach zugänglich. Die Synthese der hydrophilen Untereinheit aus Ethylenoxid gelingt problemlos über das entsprechend geschützte tert-Butyl-Octaethylenglykol bzw. Benzyl-Octaethylenglykol. Für eine selektive Aktivierung des hydrophoben Bausteins ist der Monoschutz eines Dodecandiols notwendig. Hier lassen sich die entsprechenden tert-Butyl bzw. Benzylgruppen einsetzen. Es schließt sich eine Aktivierung alternativ durch Tosylierung oder Halogenierung an. Analog zur Literatur lässt sich der zweite hydrophile tetraionische Anteil von Spermin, wie in Abbildung 3–6 dargestellt, synthetisieren. Zudem werden die Aminfunktionen unter den Reaktionsbedingungen mit Tert-butoxycarbonyl selektiv geschützt. Die Charakterisierung der synthetisierten Tenside mittels ^{1}H-NMR- und Massenspektroskopie sowie HPLC-Chromatographie belegt die Struktur, sowie die Reinheit der Komponenten.

Für weitergehende Experimente an diesen positiv geladenen Tensiden werden beispielsweise Tensid B, Tensid C sowie Tensid F in wässriger Lösung mittels statischer und dynamischer Lichtstreuung durchgeführt. Für die Aggregationsverhältnisse von Tensid B in 1 mM NaBr-Lösung werden ähnliche Ergebnisse erhalten wie die Untersuchung in reinem Wasser, es werden sphärische Aggregate gebildet. Die Aggregationsgröße ist in beiden Fällen gleich. In 1mM NaBr verschiebt sich die kritische Mizellbildungskonzentration zu deutlich kleinerem Wert, da die durch elektrostatische Abstoßung der gleichgeladenen Kopfgruppen abnimmt. Die Charakterisierung des Tensids F in 1 mM sowie in 1 M NaBr Salzlösung zeigen ein vergleichbares Aggregationsverhalten, die Fremdsalzkonzentration hat entscheidenden Einfluss auf das gebildete Aggregat und durch Zugabe von Fremdsalz wird eine Vergrößerung des Aggregats beobachtet. Der Grund ist die deutlich erhöhte Hydrophobizität des Tensides. Im Gegensatz dazu bildet Tensid C sowohl in Wasser als auch in Methanol keine Aggregation, wobei es in den verwendeten Lösungsmittelsystemen als Einzelmolekül vorliegt.

6 Zusammenfassung und Ausblick

Zusammenfassung

In der vorliegenden Arbeit wurden das positiv geladene polyvalente Polymer (PHSAM) und eine Reihe neuartiger multivalenter kationischer Lipopolyamine hergestellt, anschließend wurden diese in wässrigen Lösungen mit verschiedenen Fremdsalzkonzentrationen mittels statischer und dynamischer Lichtstreuung charakterisiert und als Modell-Systeme für die Untersuchung des Komplexierungsverhaltens entgegengesetzt geladener Polyelektrolyte verwendet.

Im ersten Teil dieser Arbeit konnte gezeigt werden, dass durch die RAFT-Polymerisations-Methode das geschützte sperminanaloge Polymer, basierend auf tert-Boc-Spermin-Hexanamin-Acrylat, synthetisch zugänglich ist. Zur Verwirklichung dieser Synthesestrategie wurde das Monomer auf Basis von Spermin und Aminohexanol mehrstufig hergestellt und durch Kupplung der funktionalisierten Untereinheiten nach Aufbau der Acryl-Gruppe erhalten. Durch statische und dynamische Lichtstreumessungen wurden die Trägheitsradien, die hydrodynamischen Radien und die Molekulargewichte des geschützten Polymers bestimmt. Die Boc-Schutzgruppen des Polymers konnten durch stark saure Bedingungen erfolgreich entfernt und die Gegenionen nach Deprotonierung anschließend unter Zugabe von Bromwasserstoffsäure durch Br^--Anionen ausgetauscht werden. Die in 150 mM NaCl-Lösung an diesem positiv geladenen Polymer mittels statischer Lichtstreuung bestimmte Molmasse ist 15 % höher und steht im Widerspruch zu der vor Abspaltung der Schutzgruppen bestimmten Anzahl der Wiederholungseinheiten. Dies ist darin begründet, dass die niedermolekulare Fraktion nach der Portionierung beim Reinigungsprozess abgetrennt wurde, was sich auf die Mittelwerte der Molmasse auswirkt.

Der zweite Teil dieser Arbeit konzentriert sich auf die Synthese und Charakterisierung von Interpolyelektrolytkomplexen durch die gezielte Wahl von anionischen Ausgangskomponenten mit positiv geladenem Polymer, wie z.B. Gadolinium-Polyoxometalat und GFP-DNA. Ziel war es, die experimentellen Bedingungen zu untersuchen, unter denen die Komplexe zeitlich stabil sein sollen. Dies wurde mittels statischer und dynamischer Lichtstreuung durch zeitabhängige Messungen mit unterschiedlichen Ladungsverhältnissen untersucht. Dabei zeigte sich, dass bei einem Ladungsverhältnis von ungefähr 2 zu 1 in reinem Wasser sowie in physiologischer Salzlösung zeitlich konstante Polymer-POM-Komplexe erhalten werden, und die gebildeten Komplexe Multi-Komplexe darstellen. Da das durchgeführte Zeta-Potential-Experiment einen deutlich positiven Wert liefert, legt dies somit den Schluss nahe, dass die Oberflächen der gebildeten Komplexe aus den unvollständigen komplexierten Polymeren aufgebaut sind. Die XPS-Charakterisierung an diesen gebildeten Komplexen hat gezeigt, dass unkomplexierte Gadolinium-Polyoxometalat-Moleküle nicht mehr in den Komplexlösungen vorhanden sind. Die Komplexstruktur ist kugelförmig mit R_g/R_h-Werten von 1, unabhängig von der Struktur des Polymers ($R_g/R_h \approx 1,7$) und dem Salzgehalt der Lösung. Weiterhin ist im Vergleich zu den Aufnahmen von AFM, Cryo-TEM und REM zu erkennen, dass die kugelförmigen Aggregate in wässriger Lösung (AFM- und TEM-Probe) eine deutlich größere Struktur besitzen als die Probe (REM-Aufnahme), welche durch Gefriertrocknung der in reinem Wasser gebildeten Komplexe erstellt wurde. Dieses beobachtete Phänomen weist daraufhin, dass das gebildete Aggregat sich in der Lösung nicht wie „eine harte Kugel" verhält, sondern dass sich Wasserphasen in kleinen Zwischenräumen innerhalb der Kugel befinden und sich insofern wie ein Mikrogel verhält. Dabei wird bei diesen gebildeten Polymer-POM-Komplexen insbesondere auf deren Anwendung als Kontrastmittel in der Magnetresonanztomographie eingegangen. Die Ergebnisse der in Kapitel 4.1.4 durchgeführten MRT-Experimente sind nur qualitativ im Vergleich zu den reinen Gadolinium-Polyoxometalat-Lösungen zu interpretieren. Somit konnte festgestellt werden, dass die Relaxivität des Gadolinium-Polyoxometalats durch Komplexierung mit dem kationischen Polymer zugenommen hat. Die zytotoxischen Untersuchungen der gebildeten Komplexe weisen darauf hin, dass die HeLa-Zellen keine hohe Empfindlichkeit für Polykation-POM-Komplexe bewirken, im Gegensatz zum Experiment an RAW 264.7 der Mausmakrophagen-Zellen.

Alle in Kapitel 4.2 beschriebenen Komplexlösungen wurden im Überschuss mit vorliegendem kationisch geladenem Polymer in 150 mM NaCl-Lösung hergestellt und sind zeitlich stabil, außer bei den Mischungsverhältnissen von 2,5 und 4,9 ($N^+_{Polymer}/P^-_{DNA}$). Die Ergebnisse der AFM- und Lichtstreumessungen an diesen mit GFP-DNA gebildeten Komplexen legen nahe, dass unter diesen Komplex-Bedingungen polydisperse Kugeln bzw. ellipsoide Strukturen gebildet werden. Molmasse und Größe der Polykation-DNA-Komplexe geben eindeutige Hinweise darauf, dass diese in 150 mM NaCl-Lösung Multi-Ketten-Komplexe bilden.

Ein weiterer Schwerpunkt der vorliegenden Arbeit beschäftigt sich mit der Synthese einer Reihe amphiphiler Blockstrukturen mit mindestens einer kationischen Endgruppe und anschließend mit der Charakterisierung deren Aggregationsverhaltens in wässriger Lösung. Die Synthese dieser strukturdefinierten Tenside gelang durch Kopplungsreaktionen der funktionalisierten Bausteine und im Anschluss nach Abspaltung der Schutzgruppen mit unterschiedlicher Anzahl an Ladungen und Alkyleinheiten. Die Charakterisierung der synthetisierten Tenside mittels ^{1}H-NMR-Spektrum und Massenspektrum sowie HPLC-Chromatograpie liefert sehr befriedigende Ergebnisse. Die Bildung von Aggregaten aus diesen hergestellten Blockstrukturen wird beispielsweise mit Tensid B, Tensid C und Tensid F in wässriger Lösung mittels statischer und dynamischer Lichtstreuung beobachtet. Im Fall von Tensid B in reinem Wasser sowie in 1 mM NaBr Salzlösung bildet sich im untersuchtem Konzentrationsbereich ein kugelförmiges Aggregat mit R_g/R_h-Werten von ungefähr 1 und hydrodynamischen Radien zwischen 126 nm und 132 nm. Die Charakterisierung des Tensids F in 1 mM, sowie in 1 M NaBr Salzlösung, zeigt ein vergleichbares Aggregationsverhalten, die Fremdsalzkonzentration hat entscheidenden Einfluss auf das gebildete Aggregat und durch Zugabe von Fremdsalz wird eine Vergrößerung des Aggregats bewirkt. Im Gegensatz dazu bildet Tensid C sowohl in Wasser als auch in Methanol keine Aggregation, wobei es in den verwendeten Lösungsmittelsystemen als Einzelmolekül vorliegt.

Ausblick

Im Vordergrund zukünftiger Arbeiten steht die genauere quantitative Analyse der Relaxivität (R) aus Kapitel 4.1.4. Für die exakte Bestimmung sind weitere Messreihen mit Hilfe der NMR-Spektroskopie aus den gemessenen Relaxationszeiten notwendig. Dadurch könnte die Kontrastverstärkung näher quantifiziert werden.

Bei der Interpolyelektrolytkomplexbildung aus Kapitel 4.2 könnten unterschiedliche Mischungsverhältnisse zwischen der DNA und dem positiv geladenen Polymer näher untersucht werden. So wäre es möglich, die Menge an komplexierter DNA kontrolliert zu steuern und für Transfektionsuntersuchungen anzuwenden.

Die Übertragung der Ergebnisse der Tensid-Charakterisierungen auf andere Systeme wäre sehr interessant. Beispielsweise bieten sich die kationischen Tenside zur Komplexbildung von anionisch geladenen Polyelektrolyten wie z.B. DNA und RNA an. Die Untersuchungen dieser DNA-Tensid-Komplexe wurden von Herrn Angel Francisco Medina-Oliva durchgeführt und könnten in Zukunft in seiner Dissertation vorgestellt werden. Die Komplexierung aus diesen strukturdefinierten Tensiden und RNA wird von Frau Kristin Rausch in ihrer laufenden Arbeit untersucht.

7 Experimente

7.1 Lösungsmittel und Chemikalien

Für alle Reaktionen wurden ausschließlich Lösungsmittel in p.a.-Qualität verwendet, und falls nicht anders erwähnt, ohne weitere Reinigung eingesetzt. Als Lösungsmittel wurden Benzol, Aceton, Cyclohexan, Dichlormethan, Diethylether, 1,4-Dioxan, Ethylacetat, Methanol, 2-Propanol, Tetrahydrofuran, Toluol und Eisessig von FischerScientific, Riedl-de-Haen, Acros, Fluka, Merck, Carl Roth-GmbH, und Sigma-Aldrich verwendet.

Die Gase Stickstoff und Argon wurden in der Qualität 5.0 benutzt. Das verwendete destillierte Wasser wurde aus Leitungswasser mit Hilfe eines Wasseraufbereitungssystems gewonnen, an das ein auf dem Umkehr-Osmose-Prinzip arbeitendes Elix 10 Milli-Q Filtersystem (ausgestattet mit vier Patronen: eine Super-C Aktivkohlepatrone, zwei Ion-Ex Patronen und eine Organex-Q Patrone) angeschlossen ist (Millipore).

Für die Flash-Säulenflüssig-chromatographie wurde Kieselgel 60 (0,063 – 0,200 mm; 70 – 230 Mesh) von Merck nach der Standardmethode[138] als stationäre Phase trocken in Glassäulen ohne Fritten verfüllt. Die für die Synthesen verwendeten Chemikalien werden unten aufgelistet.

Thiophenol	Sigma-Aldrich
1-Bromododecan	Sigma-Aldrich
Trifluoressigsäure	Merck
Hydrazin monohydrat	Sigma-Aldrich
N,N-Dimethylformamid	Acros
S-Methylmethanthiosulfonat	Sigma-Aldrich
Thioanisol	Sigma-Aldrich
Spermin	Sigma-Aldrich
Dess-Martin-Periodinan	Sigma-Aldrich
6-Amino-1-hexanol	Sigma-Aldrich
1,12-Dodecanediol	Sigma-Aldrich

6-Bromo-1-hexanol	Sigma-Aldrich
Phthalsäureanhydrid	Sigma-Aldrich
Diisopropylazodicarboxylat	Sigma-Aldrich
Di-tert-butyldicarbonat	Sigma-Aldrich
Acryloylchlorid	Sigma-Aldrich
Triphenylphosphin	Sigma-Aldrich
Tetrabromomethan	Sigma-Aldrich
Natriuncyanoborohydrid	Sigma-Aldrich
3-Amino-1-propanol	Sigma-Aldrich
4-Amino-1-butanol	ACROS
Oxalylchlorid	Sigma-Aldrich
N,N-Diisopropylethylamin	Sigma-Aldrich
Thriethylamin	ACROS
Chlorameisensäurebenzylester	Sigma-Aldrich
p-Toluolsulfonsäurechlorid	ACROS
4-(Dimethylamino)-pyridin	Sigma-Aldrich
Benzylbromid	Sigma-Aldrich
Diethylamin	Sigma-Aldrich
Schwefel	Sigma-Aldrich
Benzylchlorid	Sigma-Aldrich
Tetraethylenglykol	Sigma-Aldrich
Amberlyst 15	ACROS
2-Methylpropen	Sigma-Aldrich
Diethylphosphonat	Sigma-Aldrich
Tetra-hexylammoniumbromid	Sigma-Aldrich
Tetrachloromethan	Sigma-Aldrich
Kalium-tert-butoxid	Sigma-Aldrich

Natriumhydrid	Sigma-Aldrich
48 % ige. Bromwasserstoffsäure	Carl Roth
Celite	Sigma-Aldrich
Natriumazid	Sigma-Aldrich
Methyliodid	Sigma-Aldrich
Trimethylamin in Ethanol	Sigma-Aldrich
Kalium	Riedl-de-Haen
18-Krone-6	Sigma-Aldrich
Palladium auf Aktivkohle	Carl Roth
Magnetstäbchen	Sigma-Aldrich
Anisol	Sigma-Aldrich
DC Kieselgel 60 RP18 F254	Merck
DC Kieselgel 60 RP8 F254	Merck
DC Kieselgel 60	Merck
DC Kieselgel 60 F254	Merck
Methanol-D4	Merck
Deuteriumoxid	Merck
Ammoniaklösung 32 %	Carl Roth
Essigsäure	Sigma-Aldrich
Natriumchlorid	Roth
Molekularsieb, 4 Å	Fluka
Chloroform-D1	Merck

7.2 Bemerkungen zu den allgemeinen Arbeitstechniken

Alle Reaktionen, die den Einsatz luft- oder feuchtigkeitsempfindlicher Komponenten erforderten, wurden unter Argon-Schutzgasatmosphäre durchgeführt. Alle Glasgeräte wurden nach dem Spülen im Trockenschrank bei 100 °C getrocknet, die benutzten Glasgefäße wurden mit einem Heißluftfön getrocknet, im Hochvakuum mehrmals evakuiert und nach Abkühlung unter Argon gehalten. Lösungsmittel wurden am Rotationsverdampfer bei

40 °C Badtemperatur unter vermindertem Druck abgezogen, bei luft- und feuchtigkeitsempfindlichen Substanzen erfolgte dieser Arbeitsschritt an der Vakuumlinie durch Kondensation in eine Kühlfalle. Die Trocknung aller Substanzen wurde an der Hochvakuumpumpe bei Raumtemperatur durchgeführt.

7.3 Nachweisreagenz

Modifiziertes Dragendorff-Reagenz:
- Lösung A: 1,7 g basisches Bismuth(III)nitrate ($BiONO_3$) in 20 ml Eisessig lösen, auf 100 ml mit dest. Wasser auffüllen, 40 g KI in 100 ml dest. Wasser lösen. Beide Lösungen vereinigen, 200 ml Eisessig zufügen und auf 1000 ml mit dest. Wasser auffüllen.
- Lösung B: 20 g $BaCl_2$ in 80ml dest. Wasser lösen.
- 100 ml Teil A mit 50 ml Teil B vereinigen.

Anwendung: sprühen, bis DC-Oberfläche leicht glänzt, mit der Heißluftpistole ca. 2 min trocknen

2,4-Dinitrophenylhydrazin-Reagenz
- Gesättigte 2,4-Dinitrophenylhydrazinlösung in 3N Salzsäure

Anwendung: 1 sek tauchen, abstreifen, mit der Heißluftpistole ca. 2 min trocknen

Ninhydrin-Reagenz
- 3 g Ninhydrin in 30 ml Eisessig lösen, auf 1000 ml mit Butanol auffüllen

Anwendung: 1 sek tauchen, abstreifen, mit der Heißluftpistole ca. 2 min trocknen

Vanillin-Schwefelsäure Reagenz
- 0,3 g Vanillin in 25 ml Ethanol lösen, 4 ml konzentrierte Schwefelsäure in 30 ml dest. Wasser verdünnen, beide Lösungen vereinigen.

Anwendung: 1 sek tauchen, abstreifen, mit der Heissluftpistole ca. 2 min trocknen

7.4 Allgemeine Arbeitsweisen

Abspalten der Boc-Schutzgruppe

Ein Äquivalent des Tensids mit Boc-Schutzgruppe wurde mit 1,2 Äquivalenten Thiophenol in möglichst wenig trockenem THF vorgelegt und 1 ml TFA unter Eiskühlung zugetropft. Die Reaktionsmischung wurde eine Stunde bei 0 °C und 4 Stunden bei Raumtemperatur gerührt um die Reaktion zu vollenden. Ein Äquivalent des Polymers mit Boc-Schutzgruppe muss dagegen über Nacht bei Raumtemperatur gerührt werden. Anschließend wurde die Reaktionsmischung mit dem 20-fachen Volumen von Diethylether versetzt. Das ausgefallene Produkt wurde 20 Minuten mittels Zentrifugation bei 4000 U/min abgetrennt und zur

7 Experimente

weiteren Aufreinigung in Methanol gelöst und dann in der zehnfachen Menge Diethylether erneut gefällt.

Entschützen des Benzylethers
Zu einer Lösung von 2 mmol Benzyl-geschütztproben in 20 ml Methanol wurden 200 mg Palladium 10% wt. auf Aktivkohle (Degussa Typ E101) gegeben und im Autoklaven bei 60 bar unter H_2-Atmosphäre gerührt. Nach Reaktionskontrolle (DC) wurde der Katalysator über Celite abfiltriert, mit Methanol gewaschen und das Lösungsmittel am Rotationsverdampfer entfernt. Der Rückstand wurde in weinig Dichlormethan aufgenommen, über $MgSO_4$ getrocknet und das Lösungsmittel wieder am Rotationsverdampfer entfernt. Nach Trocknung im Ölpumpenvakuum wurde der Rückstand säulenchromatographisch an Kieselgel (Flash) aufgereinigt.

7.5 Synthese

7.5.1 Darstellung von monodispersen α,ω-heterobifunktionellen Oligoethylenoxiden

Darstellung von Bn-EG$_4$-OH[139,140]

160 g NaOH-Lösung (50%) wurde unter Rühren in eine Mischung aus 345 ml (2 mol) Tetraethylenglykol und 57,5 ml Benzylchlorid (0,5 mol) bei Raumtemperatur getropft. Nach 24 Stunden Rühren bei 100 °C wurde die Reaktionsmischung mit 700 ml Eiswasser versetzt. Dazu wurde das nicht umgesetzte Edukt sowie das Dibenzylderivat zunächst mit 100 ml Cyclohexan, anschließend mit 100 ml Diethylether eluiert. Danach wurden 150 g NaCl der wässrigen Phase als Feststoff zugesetzt und unter Rühren vollständig gelöst. Die wässrige Lösung wurde dann achtmal mit Diethylether extrahiert. Die organische Phase wurde auf etwa 200 ml eingeengt und über $MgSO_4$ getrocknet. Das Lösungsmittel wurde am Rotationsverdampfer entfernt. Nach Trocknung im Hochvakuum wurde der Rückstand säulenchromatographisch mit Methanol / Ethylacetat (1:6) isoliert.

Ausbeute: 106,4 g (373 mmol; 75 % d. Th.)

1H-NMR (CDCl3, TMS):

δ_H (ppm): 3,51 – 3,64 (m, 16H_a); 4,50 (s, 2H_b); 7,19 – 7,30 (m, 5 H_c)

Darstellung von tBu-EG$_4$-OH[141]

36,8 g Amberlyst 15 (Ionentauscher, protonierte Form) wurde mit einer Mischung von 257 ml (1,49 mol) Tetraethylenglykol in 1,25 Liter Dichlormethan umgesetzt. Unter Stickstoffatomsphäre wurden 100 g (1,78 mol) 2-Methylpropen über einen Trockeneis-Aceton-Kondensor zugetropft. Die Reaktionsmischung wurde bei Raumtemperatur 3 Stunden gerührt. Anschließend wurden 60 ml konzentrierte H$_2$SO$_4$ langsam zugetropft, wobei die Temperatur 35 °C nicht überschreiten sollte.

Nach Rühren über Nacht wurde Amberlyst 15 über Celite abfiltriert. Das Filtrat wurde mit 300 ml gesättigter Natriumhydrogencarbonatlösung gewaschen und zweimal mit je 300 ml Ethylacetat extrahiert. Die organische Phase wurde mit MgSO$_4$ getrocknet und das Lösungsmittel durch Rotationsverdampfung einrotiert. Nach Trocknung im Hochvakuum wurde der Rückstand chromatographisch mit Ethylacetat als Elutionsmittel gereinigt.

Ausbeute: 162,7 g (0,65 mol; 44 % d. Th.)

^{1}H-NMR (CDCl$_3$, TMS):

δ_H (ppm): 1,12 (s, 9Ha); 3,44 – 3,65 (m, 16H$_b$).

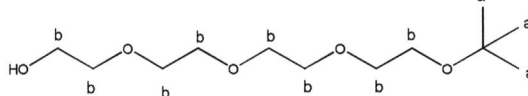

Darstellung von Bn-EG$_4$-Tos[139,140]

Einer Lösung aus 9 g NaOH in 45 ml Wasser wurde 45,4 g (0,16 mol) Monobenzyltetraethylenglykol (Bn-EG$_4$-OH) in 45 ml THF zugegeben und auf –5 °C gekühlt (Eis / Kochsalz). Anschließend wurde eine Lösung aus 41,3 g (0,22 mol) *p*-Toluolsulfonsäurechlorid in 45 ml THF zugetropft. Die Mischungstemperatur soll dabei +5 °C nicht überschreiten. Nach zwei Stunden Rühren bei 0 °C – 5 °C wurde weitere zwölf Stunden bei Raumtemperatur gerührt. Die Mischung wurde mit 100 ml Eiswasser versetzt und zweimal mit 100 ml Dichlormethan extrahiert. Die vereinigten organischen Phasen wurden einmal mit 100 ml Eiswasser gereinigt, einmal mit 70 ml gesättigter Kochsalzlösung gewaschen und anschließend über MgSO$_4$ getrocknet. Das Lösungsmittel wurde am Rotationsverdampfer entfernt und die Probe im Hochvakuum von Lösungsmittelresten befreit. Der dann verbliebene Rückstand wurde säulenchromatographisch an Kieselgel (Flash) aufgereinigt. Das Elutionsmittel wurde langsam von Toluol / Ethhylacetat 10:1 über 5:1 auf Toluol / Ethhylacetat 2:1 umgestellt.

Ausbeute: 62,8 g (0,14 mol; 90 % d. Th.)

¹H-NMR (CDCl₃, TMS):

δ_H (ppm): 2,41 (s, 3H$_a$); 3,45 – 3,74 (m, 14H$_b$); 4,12 (t, 2H$_c$); 4,54 (s, 2H$_d$); 7,24 – 7,32 (m, 7H$_e$); 7,56; 7,78 (d, 2H$_f$)

Darstellung von Bn-EG₈-tBu[139]

82,1 g (0,34 mol) tBu-EG₄-OH und 130,3 g (0,32 mol) Tos-EG₄-Bn wurden im Dreihalsrundkolben mit KPG-Rührer und Rückflusskühler vorgelegt. Nach Zugabe von 130 g 50%iger NaOH-Lösung wurde die Reaktionsmischung 48 Stunden unter Rückfluss gekocht. Nach dem Erkalten wurde die Reaktionsmischung mit 400 ml Wasser versetzt und viermal mit 100 ml Diethylether sowie einmal mit 100 ml Ethylacetat extrahiert. Die vereinigten organischen Phasen wurden über MgSO₄ getrocknet und das Lösungsmittel am Rotationsverdampfer entfernt. Nach Trocknung im Hochvakuum wurde der Rückstand säulenchromatographisch mit Methanol / Ethylacetat (1:25) aufgereinigt. Um die Ausbeute zu erhöhen, wurden Mischfraktionen ein zweites Mal chromatographisch gereinigt.

Ausbeute: 128,9 g (0,25 mol; 78 % d. Th.)

¹H-NMR (CDCl₃, TMS):

δ_H (ppm): 1,15 (s, 9H$_a$); 3,48 – 3,62 (m, 32H$_b$); 4,53 (s, 2H$_c$); 7,23 – 7,31 (m, 5H$_d$)

Darstellung von Bn-EG₈-OH[141]

Zu einer Lösung von 15,6 g (30 mmol) tBu-EG₈-Bn in 100 ml 1,4-Dioxan wurden 50 ml 4 N HCl gegeben und 3 Stunden unter Rückfluss gekocht. Nach dem Erkalten wurde das Lösungsmittel am Rotationsverdampfer entfernt. Der Rückstand wurde in 100 ml gesättigte Kochsalzlösung aufgenommen und mit NaOH auf einen pH-Wert von 12 eingestellt. Die abgeschiedene organische Phase wurde abgetrennt, die wässrige Phase viermal mit 100 ml Dichlormethan und einmal mit 50 ml Ethylacetat extrahiert. Die vereinigten organischen Phasen wurden über $MgSO_4$ getrocknet und das Lösungsmittel am Rotationsverdampfer entfernt. Nach Trocknung im Hochvakuum wurde der Rückstand säulenchromatographisch (Methanol / Ethylacetat 1:10) gereinigt.

Ausbeute: 12,1 g (0,26 mol; 88 % d. Th.)

ESI-Ms: 461,31 (MH^+), 483,26 (MNa^+) und 499,26 (MK^+)

^{1}H-NMR ($CDCl_3$, TMS):

δ_H (ppm): 3,48 – 3,62 (m, 32H_b); 4,53 (s, 2H_c); 7,23 – 7,31 (m, 5H_d)

Darstellung von tBu-EG$_8$-OH[142]

Eine Lösung von 25 g (48 mmol) tBu-EG$_8$-Bn in 100 ml Methanol / Eisessig (V:V= 1:1) wurden im Autoklaven mit Magnetrührer vorgelegt. Unter Schutzgas wurden 2,4 g Palladium 10% wt. auf Aktivkohle (Degussa Typ E101) zugegeben. Nach Verschließen des Autoklaven wurden zweimal 50 bar Wasserstoff aufgepresst und anschließend unter einem Druck von 50 bar bei Raumtemperatur 16 Stunden gerührt. Dann wurde der Katalysator über Celite abfiltriert und mit Methanol gewaschen. Das Filtrat wurde unter Eiskühlung mit 12,5 N KOH-Lösung auf einen pH von 13 gebracht und anschließend viermal mit 100 ml Dichlormethan sowie einmal mit Ethylacetat extrahiert. Die vereinigten organischen Phasen wurden über $MgSO_4$ getrocknet, das Lösungsmittel am Rotationsverdampfer entfernt und anschließend die Probe im Hochvakuum von Lösungsmittelresten befreit. Der Rückstand wurde säulenchromatographisch über eine Kieselgelsäule mit Ethylacetat / Methanol (6:1) als Elutionsmittel gereinigt.

Ausbeute: 18,7 g (44 mmol; 91 % d. Th.)

^{1}H-NMR ($CDCl_3$, TMS):

δ_H (ppm): 1,16 (s, 9H_a); 3,49 – 3,70 (m, 32H_b)

7.5.2 Darstellung von Tri-Boc-Spermin[143,144]

12,06 g (60 mmol) Spermin wurde unter Schutzgas in 700 ml Methanol gelöst und mit Trockeneis / Aceton auf –70 °C gekühlt. 8,2 ml (70 mmol) Ethyltrifluoroacetat wurde innerhalb von 50 Minuten hinzugetropft. Die Reaktionsmischung wurde danach langsam auf 0 °C erwärmt, weiterhin eine Stunde unter Eis/Kochsalz gerührt und anschließend mit einer Lösung von 61 g (0,82 mol) di-*tert*-butyl-dicarbonat in 60 ml Methanol unter Kühlung innerhalb von 20 Minuten hinzugegeben. Nach 3 Tagen Rühren bei Raumtemperatur (DC-kontrolle) wurde die Mischung mit 32 % Amoniaklösung auf einen pH-Wert von 11 eingestellt und nochmal 3 Tage bei Raumtemperatur gerührt. Die Reaktionsmischung wurde mit 200 ml Wasser versetzt und anschließend einmal mit 400 ml Dichlormethan, viermal mit 100 ml Dichlormethan extrahiert. Das Lösungsmittel wurde am Rotationsverdampfer entfernt und der Rückstand im Hochvakuum getrocknet. Das Produkt aus dem verbliebenen Rückstand wurde säulenchromatographisch mit Dichlormethan / Methanol / 32 % Amoniaklösung (30:1:0,1) isoliert.

Ausbeute: 8,17g (16,2 mmol; 27 % d.Th.)

ESI-Ms: 503,32 (MH^+) und 525,35 (MNa^+)

^{1}H-NMR ($CDCl_3$, TMS):

δ_H (ppm): 1,42 – 1,55 (m, 31H_a); 1,58 – 1,64 (m, 4H_b); 2,66 (t, 2H_c); 3,02 – 3,88 (m, 10H_d)

^{13}C-NMR ($CDCl_3$, TMS)

δ_C (ppm): 155,3; 155,5; 156,0 [N–CO–O–C–(CH_3)$_3$], 78,9; 79,1; 79,3 [O–C–(CH_3)$_3$], 46,3; 46,7 (C_4; C_7); 43,7; 44,2 (C_3; C_8); 39,3 (C_1); 37,6 (C_{10}), 28,3; 28,5; 28,7 [O–C–(CH_3)$_3$], 25,4; 25,8; 25,9; 26;3 [C_5; C_6; C_9; C_2]

7.5.3 Darstellung Tensid A

Darstellung von tert-butyl 4-aminobutylcarbamate

10 g (0,11 mol) 1,4-Diaminobutan wurde in 80 ml 10 % TEA/Methanol Lösung auf –5 °C gekühlt (Eis / Kochsalz). Eine Lösung aus 8,5 g (38,9 mmol) Di-*tert*-butyl-dicarbonat in 15 ml Methanol wurde langsam hinzugetropft und eine Stunde bei 0 °C sowie danach 12 Stunden bei Raumtemperatur gerührt. Das Rohprodukt wird im Vakuum mit einer Kühlfalle einkondensiert. Der dann verbliebene Rückstand wurde mit 80 ml Dichlormethan versetzt und dreimal mit 20 ml 10 %igem Natriumcarbonat gewaschen. Die organischen Phasen wurden über $MgSO_4$ getrocknet, das Lösungsmittel am Rotationsverdampfer entfernt und anschließend die Probe im Hochvakuum von Lösungsmittelresten befreit. Der Rückstand wurde säulenchromatographisch über eine Kieselgelsäule mit Dichlormethan / Methanol / 32 % Amoniaklosung (10:1:0,1) als Elutionsmittel gereinigt.

Ausbeute: 5,97g (31,7 mmol; 82 % d.Th.)

FD-Ms: 188,9

^{1}H-NMR (CDCl$_3$, TMS):

δ_H (ppm): 1,41 (s, 9H$_a$); 1,43 – 1,51 (m, 4H$_b$); 1,56 (br s, 2H$_c$); 2,69 (t, 2H$_d$); 3,09 (m, 2H$_e$); 4,61 (br s, 1H$_f$)

^{13}C-NMR (CDCl$_3$, TMS):

δ_C (ppm): 156,0 [N–CO–O–C–(CH$_3$)$_3$], 78,9;[O–C–(CH$_3$)$_3$], 41,6 (C$_4$), 40,3 (C$_1$), 30,6 (C$_3$), 28,4 [O–C–(CH$_3$)$_3$], 27,4 (C$_2$).

Darstellung von tert-butyl 4-(diethoxyphosphorylamino)butylcarbamate[145]

4 g (21 mmol) mono-Boc-Butanediamin und 32,69 g (0,21 mol) Tetrachloromethan wurden unter Argon mit 50 ml trockenem Dichlormethan versetzt, anschließend 13,82 g Kaliumcarbonat (wasserfrei), 8,4 g Natriumhydrogencarbonat (wasserfrei) und 0,87 g Tetrahexylammoniumbromid nacheinander vorgelegt. Die Suspension wurde mit einer Eis / Kochsalz-Mischung auf 0 °C abgekühlt und 9 ml Diethylphosphonat langsam hinzugetropft. Die Mischungstemperatur darf dabei +5 °C nicht überschreiten. Nachdem die Suspension über Nacht bei Raumtemperatur gerührt wurde, wird diese mit möglichst wenig Wasser versetzt, bis das überschüssige Salz vollständig gelöst ist und sich die überste-

hende wässrige Phase abgeschieden hat. Die wässrige Phase wurde mehrmals mit 300 ml Dichlormethan extrahiert, die organischen Phasen wurden vereinigt und mit Na_2SO_4 getrocknet sowie das Lösungsmittel am Rotationsverdampfer entfernt. Aufreinigung über Säulenchromatographie (Dichlormethan / Methanol 20:1) liefert ein öliges Produkt.

Ausbeute: 5,62g (17,3 mmol; 82 % d.Th.)

^{1}H-NMR ($CDCl_3$, TMS):

δ_H (ppm): 1,29 (t, 6H$_a$); 1,41 (s, 9H$_b$); 1,43 – 1,52 (m, 4H$_c$); 2,87 – 2,92 (m, 2H$_d$); 3,09 – 3,11 (m, 2H$_e$); 3,95 – 4,11 (m, 4H$_f$)

Darstellung von $C_{12}H_{25}$-OTos[146]

5 ml Pyridin wurden zu einer Lösung von 9,3 g (50 mmol) 1-Dodecanol in 50 ml trockenem Chloroform bei 0 °C unter Argonatmosphäre (161,42 mmol) zugetropft. Unter Schutzgas und Eiskühlung wurden 14,3 g (75 mmol) *p*-toluenesulfonylchloride als Feststoff in kleinen Portionen zugegeben. Das Reaktionsgemisch wird eine Stunde bei 0 °C und anschließend über Nacht bei Raumtemperatur gerührt, um die Reaktion zu vollenden. Danach wurde die Reaktionsmischung mit 150 ml Diethylether und 35 ml Wasser versetzt und die überstehende organische Phase abdekantiert. Die organische Phase wurde mit 40 ml 2N Salzsäure ausgeschüttelt, anschließend mit 30 ml gesättigter $NaHCO_3$-Lösung gewaschen, über $MgSO_4$ getrocknet und einkondensiert. Der verbliebene Rückstand wurde schließlich mittels Säulenchromatographie (Dichormethan / Hexan 2:1) gereinigt.

Ausbeute: 15,2g (44,6 mmol 90 % d.Th.)

ESI-Ms: 363,22 (MNa$^+$) und 379,22 (MK$^+$)

^{1}H-NMR ($CDCl_3$, TMS):

δ_H (ppm): 0,85 (t, 3H$_a$); 1,12 – 1,32 (m, 18H$_b$); 1,55 – 1,65 (quint, 2H$_c$); 2,43 (s, 2H$_e$); 3,99 (t, 2H$_d$); 7,30 – 7,33 (d, 2H$_f$); 7,75 – 7,78 (d, 2H$_h$);

Tensid A

In einem ausgeheizten und mit Argon gespülten Dreihalskolben wurden 0,42 g (3,8 mmol) Kalium-*tert*-butoxid in 6 ml trockenem THF vorgelegt. Unter starkem Rühren bei gleichzeitiger Eiskühlung wurden 1,37 g (4,2 mmol) *tert*-butyl 4-(diethoxyphosphoryl-amino)-butylcarbamat in 60 ml trockenem THF zugetropft und anschließend 2 Stunden bei 0 °C gerührt. Die Lösung von 1,294 g (3,8 mmol) Dodecyltosylat in 30 ml trockenem THF wurde danach langsam innerhalb von 1 Stunde zugegeben und über Nacht gerührt, wobei sich die Lösung langsam auf Raumtemperatur erwärmte. Die Reaktionsmischung wurde weitere 2 Stunden unter Rückfluss bis zum Sieden erhitzt, um die Reaktion zu vollenden. Danach wurde die Mischung unter Rühren auf Raumtemperatur abgekühlt. Das Lösungsmittel wurde am Rotationsverdampfer entfernt, der Rückstand in 50 ml CH_2Cl_2 aufgenommen und mit 5 ml Wasser ausgeschüttelt. Die organische Phase wurde abgetrennt, die wässrige Phase wurde dreimal mit 20 ml CH_2Cl_2 extrahiert und anschließend die organischen Phasen vereinigt. Nach Trocknen über Na_2SO_4 wurde die Lösung zu einer viskosen Flüssigkeit eingedampft und anschließend im Hochvakuum von Lösungsmittelresten befreit. Der Rückstand wurde säulenchromatographisch über eine Kieselgelsäule mit Dichlormethan / Methanol (40:1) als Elutionsmittel gereinigt.

MALDI-Tof: 515,2 (MNa^+) 533,5 (MK^+)

^{1}H-NMR ($CDCl_3$, TMS):

δ_H (ppm): 0,85 (t, $3H_a$); 1,16 – 1,64 (m, $39H_b$); 2,86 – 3,22 (m, $6H_c$); 3,89 – 4,05 (m, $4H_d$)

^{13}C-NMR ($CDCl_3$, TMS):

δ_C (ppm): 155,9 [N–CO–O–C–(CH_3)$_3$], 78,9; [O–C–(CH_3)$_3$], 61,8; 61,7 [O–CH_2–CH_3], 45,7; 45,3 (C_{12}; C_{13}), 40,2 (C_{16}), 31,8 (C_3), 29,3 -29,6 (C_5; C_6; C_7; C_8; C_9 m), 28,6; 28,5 (C_4; C_{10}), 28,4 [O–C–(CH_3)$_3$], 27,3 (C_{11}), 26,8 (C_{15}), 25,9 (C_{14}), 22,6 (C_2), 16,2; 16,1 [O–CH_2–CH_3], 14,0 (C_1)

Die Abspaltung der Boc-Schutzgruppe und des Phosphitesters wurden entsprechend der allgemeinen Arbeitsvorschrift Boc-entschützt. Das Produkt wurde im ESI-Massenspektrum mit dem Signal 257,2 (MH⁺) nachgewiesen und durch HPLC-Kontrolle über eine ODS-Säule auf Reinheit geprüft.

7.5.4 Darstellung Tensid B

BnO-$C_{12}H_{24}$-OH[130,128]

98 g (0,48 mol) 1,12-Dodecandiol wurden in 50 ml Cyclohexan auf 80°C erhitzt. Nach Zugabe von 40 g wässriger Natronlauge (50 % ig.) und 15 ml (0,13 mol) Benzylchlorid wurde 24 Stunden unter Rückfluss gekocht. Nach dem Erkalten wurde die Reaktionsmischung mit 400 ml Dichlormethan und 250 ml Wasser versetzt. Überschüssiges, rekristallisiertes Edukt wurde abfiltriert und einmal mit 100 ml Dichlormethan und einmal mit 50 ml Wasser gewaschen. Die organische Phase wurde abgetrennt und die wässrige Phase jeweils zweimal mit 150 ml extrahiert. Die organischen Phasen wurden vereinigt, über $MgSO_4$ getrocknet und das Lösungsmittel am Rotationsverdampfer entfernt. Der Rückstand wurde im Hochvakuum getrocknet, abschließend säulenchromatographisch (Hexan / Ethylacetat 3:1) gereinigt.

Ausbeute: 34,76 g (0,12 mol; 91 % d. Th.)

In einer weiteren Umsetzung wurden Natriumhydrid statt NaOH verwendet. Dazu wurde 20,2 g (10 mmol) 1,12-Dodecandiol in 30 ml trockenem DMF suspendiert[147]. Die Lösung von 0,312 g NaH in 90 ml trockenem DMF wurde langsam zu der Suspension hinzugegeben. Nach 12 Stunde Rühren bei Raumtemperatur wurde 17,10 g (10 mmol) Benzylbromid unter Stickstoffatomsphäre zu der Reaktionsmischung zugetropft und weitere 24 Stunden bei Raumtemperatur gerührt. Unter Kühlung wurde die Reaktionsmischung mit 80 ml Eiswasser versetzt und dreimal mit 150 ml Dichlormethan extrahiert. Die organischen Phasen wurden vereinigt und über $MgSO_4$ getrocknet. Das Lösungsmittel wurde am Rotationsverdampfer entfernt und anschließend im Hochvakuum von Lösungsmittelresten befreit. Der dann verbliebene Rückstand wurde säulenchromatographisch an Kieselgel aufgereinigt.

Ausbeute: 12.26 g (0,12 mol; 42 % d. Th.)

ESI-Ms: 315,23 (MNa⁺)

¹H-NMR ($CDCl_3$, TMS):

δ_H (ppm): 1,25 – 1,62 (m, 20 H_a); 3,44 (t, 2H_e); 3,62 (t, H_b); 4,48 (s, H_c); 7,23 – 7,36 (m, H_d)

13C-NMR (CDCl3, TMS):

δ_C (ppm): d 138,6; 128,3; 127,5; 126,9 (C_1; C_2; C_3; C_4;), 72,8 (C_5) 70,5 (C_6), 63,0 (C_7) 32.7(C_8) 29,7 (C_9), 29,4 (m, C_{12}), 26,1 (C_{11}) 25,7 (C_{10})

HO-$C_{12}H_{24}$-Br[129]

Zu einer Suspension von 8,31 g (41 mmol) 1,12-Dodecandiol in 100 ml Toluol wurden 6 ml 48 % ige Bromwasserstoffsäure unter Rühren bei Raumtemperatur langsam zugetropft. Die heterogene Mischung wurde 4 Tage unter Rückfluss gekocht. Nach dem Abkühlen wurde das Lösungsmittel vollständig am Rotationsverdampfer entfernt. Der Rückstand wurde in 100 ml Chloroform aufgenommen, dreimal mit 50 ml gesättigter Natriumcarbonatlösung und einmal mit 50 ml Wasser gewaschen. Die organische Phase wurde über MgSO$_4$ getrocknet, das Lösungsmittel am Rotationsverdampfer entfernt und im Hochvakuum von Lösungsmittelresten befreit. Der dann verbliebene Rückstand wurde säulenchromatographisch mit Diethylether / Hexan (1:1) als Elutionsmittel gereinigt.

Ausbeute: 8,89 g (34 mmol; 82 % d. Th.)

^{1}H-NMR (CDCl$_3$, TMS):

δ_H (ppm): 1,20 – 1,44 (m, 16H$_a$); 1,49 – 1,59 (Quintett, 2H$_e$); 1,78 – 1,88 (Quintett, 2H$_d$); 3,32 (t, 2H$_c$); 3,53 (t, 2H$_b$).

BnO-$C_{12}H_{24}$-OTs[128]

25,7 g (88 mmol) BnO-$C_{12}H_{24}$-OH wurde in 90 ml Chloroform mit einer Eis / Kochsalz-Mischung auf –5 °C abgekühlt und dazu 14,06 g (185 mmol) Pyridin getropft. Danach wurden 25,17 g (132 mmol) p-Toluolsulfonsäurechlorid als Feststoff in kleinen Portionen unter Kühlung langsam hinzugeben. Die Mischungstemperatur darf dabei 0 °C nicht überschreiten.

Nach 5-stündigem Rühren bei 0 °C wurde die Reaktionsmischung mit 250 ml Ether und 50 ml Wasser versetzt. Die organische Phase wurde abgetrennt und nacheinander mit 50 ml 2N Salzsäure-Lösung sowie mit 25 ml gesättigter Natriumhydrocarbonatlösung gewaschen. Nach dem Trocknen über MgSO$_4$ wurde die organische Phase zu einem weißen Feststoff eingedampft und anschließend im Hochvakuum von Lösungsmittelresten befreit. Der Rückstand wurde säulenchromatographisch über eine Kieselgelsäule mit Ethylacetat / Hexan (1:1) als Elutionsmittel gereinigt.

Ausbeute: 27,3 g (55 mmol; 92 % d. Th.)

^{1}H-NMR (CDCl$_3$, TMS):

δ_H (ppm): 1,23 – 1,63 (m, 20H$_a$); 2,43 (s, 3H$_h$); 3,44 (t, 2H$_c$); 3,99 (t, 2H$_b$); 4,48 (s, 2H$_d$); 7,24-7,33 (m, 7H$_e$); 7,76, 7,78 (d 2H$_f$)

HO-C$_{12}$H$_{24}$-SP(Boc$_3$)

Eine Lösung von 5,17 g (10,3 mmol) Tri-Boc-Spermin in 40 ml Acetonitril wurde mit 2,27 g (16 mmol) Natriumcarbonat unter Eis/Kochsalz suspendiert. Unter Schutzgas wurde eine Lösung von 3,69 g (8,3 mmol) BnO-C$_{12}$H$_{24}$-OTs in 40 ml Acetonitril innerhalb von 2 Stunden zu der Suspension getropft. Nach 6 Stunden Rühren bei 0 °C und 3 Tagen bei Raumtemperatur wurde die Reaktionsmischung unter Kühlung mit 3 g NEt$_3$ versetzt und weitere 4 Tage bei Raumtemperatur gerührt. Der weiße Feststoff wurde danach entfernt und die organische Phase wurde am Rotationsverdampfer zu einer viskosen Flüssigkeit eingedampft und anschließend im Hochvakuum von Lösungsmittelresten befreit. Der dann verbliebene Rückstand wurde säulenchromatographisch an Kieselgel (Flash) aufgereinigt. Das Elutionsmittel wurde von Cyclohexan / Ethhylacetat 3:5 auf Dichlormethan/Methanol/32% Amoniaklösung 15:1:0,15 umgestellt.

Ausbeute: 2,72 g (3,5 mmol; 42 % d. Th.)

^{1}H-NMR (CDCl$_3$, TMS):

δ_H (ppm): 1,12 – 1,68 (m, 55H$_a$); 2,61 – 3,52 (m, 16 H$_b$); 4,47 (s, 2H$_c$); 7,27 – 7,35 (m, 5H$_d$)

ESI-MS: 777,62 (MH$^+$) und 799,62 (MNa$^+$)

7 Experimente

1,67 g (2,15 mmol) BnO-C$_{12}$H$_{24}$-SP(Boc$_3$) wurden entsprechend der allgemeinen Arbeitsvorschrift in 25 ml Methanol/Eisessig (V:V= 3:1) hydriert. Die Verunreinigung wurde durch chromatographische Reinigung mit Chloroform / Methanol / 32 % Amoniaklösung 40:3:0,15 entfernt.

Ausbeute: 1,12 g (1,63 mmol; 76 % d. Th.)

ESI-Ms: 687,57 (MH$^+$), 701,53 (MNa$^+$) und 716,59 (MK$^+$)

^{1}H-NMR (CDCl$_3$, TMS):

δ_H (ppm): 1,14 – 1,73 (m, 55H$_a$); 2,52 – 3,50 (m, 16 H$_b$); 3,61 (t, 2H$_c$)

^{13}C-NMR (CDCl$_3$, TMS):

δ_C (ppm): 156,0 [N–CO–O–C–(CH$_3$)$_3$], 79,6 [O–C–(CH$_3$)$_3$], 62,1 (C$_1$), 46,2; 46,7 (C$_9$; C$_{12}$), 43,2; 43,7; 43,7 (C$_5$; C$_8$; C$_{13}$), 38,0; 37,8 (C$_6$; C$_{15}$), 29,4 – 29,8 (C$_3$), 28,6; 28,5 (C$_2$; C$_4$), 28,4 [O–C–(CH$_3$)$_3$], 27,2; 27,4 (C$_7$; C$_{14}$), 25,9; 25,8; 25,7; 25,4 (C$_{10}$; C$_{11}$; C$_{16}$; C$_{17}$)

Variante

In einer weiteren Umsetzung wurde HO-C$_{12}$H$_{24}$-Br als Kopplungsreagenz verwendet. Dazu wurden 2,01 g (4 mmol) Tri-Boc-Spermin in 20 ml trockenem DMF mit 1,66 g Kaliumcarbonat suspendiert. Eine Lösung von 1,05 g (4 mmol) HO-C$_{12}$H$_{24}$-Br in 5 ml trockenem DMF wurde unter Schutzgas der Suspension hinzugetropft. Nach 3 Tagen Rühren bei Raumtemperatur wurde der weiße Feststoff entfernt, die organische Phase wurde im Hochvakuum zu einem viskosen Rückstand einkondensiert und abschließend säulenchromatographisch mit Chloroform / Methanol / 32 % Amoniaklösung (40:3:0,15) gereinigt.

Ausbeute: 1,42 g (2,1 mmol; 52% d. Th.)

Boc-Abspaltung von HO-$C_{12}H_{24}$-SP(Boc_3)
Die Abspaltung der Boc-Schutzgruppe wurde entsprechend der allgemeinen Arbeitsvorschrift Boc-entschützt. Das Produkt wurde im ESI-Massenspektrum mit dem Signal 387,38 (MH^+) nachgewiesen und durch HPLC-Kontrolle über eine ODS-Säule auf Reinheit geprüft.

7.5.5 Darstellung Tensid C
tBu-EG_8-OTs
Die Lösung von 2,47 g (13 mmol) p-Toluolsulfonsäurechlorid gelöst in 5 ml THF wurden zu einer Mischung von 4,26 g (10 mmol) tBu-EG_8-OH in 5 ml THF sowie 0,5 g Natriumhydroxid in 5 ml THF bei 0 °C h inzugetropft. Nach 6 Stunden Rühren unter Eiskühlung wurde die Reaktionsmischung weitere 12 Stunden bei Raumtemperatur gerührt, um die Reaktion zu vollenden. Die Mischung wurde mit 20 ml Eiswasser versetzt und dreimal mit 20 ml Dichlormethan extrahiert. Die vereinigten organischen Phasen wurden einmal mit 15 ml Eiswasser gereinigt, einmal mit 15 ml gesättigter Kochsalzlösung gewaschen und anschließend über $MgSO_4$ getrocknet. Das Lösungsmittel wurde am Rotationsverdampfer entfernt und im Hochvakuum getrocknet. Die Aufreinigung über Säulenchromatographie (Chloroform/Methanol 55:1) liefert das farblose, ölige Produkt.

Ausbeute: 5,12 g (8,8 mmol; 88% d. Th.)

^{1}H-NMR ($CDCl_3$, TMS):

δ_H (ppm): 1,17 (s, 9H_a); 2,43 (s, 3H_b); 3,42 – 3,78 (m, 30H_c); 4,12 – 4,15 (t, 2H_d); 7,31 – 7,33 (d, 2H_e); 7,76 – 7,79 (d, 2H_f)

Kupplung:

1,19 g Kaliumcarbonat wurde unter Schutzgas und Eiskühlung in einer Lösung von 2,46 g (4,2 mmol) tBu-EG_8-OTs in 20 ml Acetonitril suspendiert. Nach Zutropfen von 3,24 g (6,4 mmol) Tri-Boc-Spermin in 20 ml Acetonitril wurde die Reaktionsmischung 3 Tag bei 40°C gerührt. Der weiße Feststoff wurde abgetrennt und zweimal mit 15 ml Chloroform gewaschen. Die vereinigte organische Phase wurde über $MgSO_4$ getrocknet und das Lösungsmittel am Rotationsverdampfer entfernt. Der verbliebene ölige Rückstand wurde im Hochvakuum von Lösungsmittelresten befreit und säulenchromatographisch an Kieselgel (Flash) aufgereinigt. Das Elutionsmittel wurde langsam von Chloroform / Methanol 25:1 auf 25:2 umgestellt.

Ausbeute: 1,72 g (1,88 mmol; 45 % d. Th.)

^{1}H-NMR ($CDCl_3$, TMS):

δ_H (ppm): 1,17 (s, 9H$_a$); 1,24 – 1,78 (m, 35H$_b$); 2,52 – 3,42 (m, 14H$_c$); 3,48 – 3,95 (m, 30H$_d$)

Die Abspaltung der Boc- und tert. Butyl-Schutzgruppe wurde entsprechend der allgemeinen Arbeitsvorschrift durchgeführt. Das Produkt wurde im ESI-Massenspektrum mit Signal 555,42 (MH$^+$) und durch HPLC-Kontrolle über eine ODS-Säule nachgewiesen.

7.5.6 Darstellung Tensid D

BnO-$C_{12}H_{24}$-EG$_8$-O$_t$Bu

1,74 g (44 mmol) Kalium wurden unter Argon mit 200 ml trockenem Toluol versetzt und bis zur vollständigen Schmelze unter Rückfluss erhitzt. Nach Abkühlung auf 60 °C wurden 17,89 g (42 mmol) tBu-EG$_8$-OH im Argongegenstrom zugetropft. Die Reaktionsmischung wurde unter Rückfluss weitere 24 Stunden gekocht, bis sich das Kaliumalkoholat vollständig aufgelöst hatte. Nach Abkühlung auf 40° C wurden unter Schutzgas 7,24 g 18-Krone-6 und 13,78 g (30 mmol) BnO-$C_{12}H_{24}$-OTos zugegeben und das Reaktionsgemisch unter Argonatmosphäre drei Wochen lang im Ölbad bei 150 °C Badtemperatur unter Rückfluss gerührt. Der Reaktionsverlauf wurde dünnschichtchromatographisch verfolgt. Nach drei

Wochen konnte keine weitere Umsetzung mehr beobachtet werden. Die Eduktkonzentration (tBu-EG$_8$-OH) blieb unverändert. Die Kontrolle des Reaktionsverlaufs über DC mit Ethylacetat / Methanol 40:1 wies auf die vollständige Umsetzung von BnO-C$_{12}$H$_{24}$-OTos hin.

Nach dem Erkalten wurde der Niederschlag über Celite abfiltriert und gründlich mit Toluol gewaschen. Das Filtrat wurde mit 50 ml gesättigter Kochsalzlösung gewaschen und über MgSO$_4$ getrocknet. Anschließend wurde das Lösungsmittel am Rotationsverdampfer entfernt und der Rückstand im Hochvakuum getrocknet. Das Produkt aus dem verbliebenen Rückstand wurde säulenchromatographisch mit Methanol / Ethylacetat (1:50) isoliert.

Ausbeute: 18,1 g (25,8 mmol; 86 % d. Th.)

^{1}H-NMR (CDCl$_3$, TMS):

δ_H (ppm): 1,17 (s, 9H$_a$); 1,20 – 1,36 (m, 16H$_b$); 1,49 – 1,61 (m, 4 H$_c$); 3,39 – 3,70 (m, 36H$_d$); 4,48 (s, 2H$_e$); 7,24 – 7,32 (m, 5H$_f$)

Hydrierung von BnO-C$_{12}$H$_{24}$-EG$_8$-O$_t$Bu

Die Abspaltung der Benzyl-Schutzgruppe wurde entsprechend der allgemeinen Arbeitsvorschrift durchgeführt. Nach Aufarbeitung der Reaktionsmischung wurde der Rückstand säulenchromatographisch (Methanol / Ethylacetat / 30% NH$_3$ 1:20:1) gereinigt.

Ausbeute: 7,3 g (11,95 mmol; 97% d. Th.)

^{1}H-NMR (CDCl$_3$, TMS):

δ_H (ppm): 1,17 (s, 9H$_a$); 1,23 – 1,68 (m, 20H$_b$); 3,36 – 3,69 (m, 36H$_c$)

tBu-EG$_8$-C$_{12}$H$_{24}$-OTs[148]

3,66 g (6 mmol) tBu-EG$_8$-C$_{12}$H$_{24}$-OH wurde in 6 ml Acetonitril gelöst und mit 2 ml TMHDA unter Eiskühlung vorgelegt und gerührt. Unter Feuchtigkeitsausschluss wurde eine Lösung von 1,72 g (9 mmol) *p*-Toluolsulfonsäurechlorid in 6 ml Acetonitril bei 0°C tropfenweise zugegeben. Die Innentemperatur darf dabei 0 °C nicht überschreiten. Die Reaktion wurde dünnschichtchromatographisch verfolgt und war unter Rühren bei 0 °C nach 2 Stunden abgeschlossen. Nach Zugabe von 10 ml Wasser wurde das Reaktionsgemisch viermal mit 20 ml Ethylacetat extrahiert. Nach dem Trocknen über Natriumsulfat wurde das Lösungsmittel am Rotationsverdampfer eingeengt und im Hochvakuum vollständig getrocknet. Zur Reinigung wurde der Rückstand mit Methanol / Chloroform (40:1) über eine Flash-Säule chromatographiert.

Ausbeute: 3,48g (4,5 mmol; 82 % d. Th.)

^{1}H-NMR (CDCl$_3$, TMS):

δ_H (ppm): 1,12 – 1,35 (m, 25H$_a$); 1,46 – 1,64 (m, 4H$_b$); 2,43 (s, 3H$_c$); 3,39 – 3,40 (t, 2H$_d$); 3,46 – 3,68 (m, 32H$_e$); 3,97 – 4,01 (t, 2H$_f$); 7,31 – 7,33 (d, 2H$_g$); 7,75 – 7,78 (d, 2H$_h$)

tBu-EG$_8$-C$_{12}$H$_{24}$-N$_3$

1,74 g (2,5 mmol) tBu-EG$_8$-C$_{12}$H$_{24}$-OTs wurden in 15 ml trockenem DMF gelöst. Nach Zugabe von 0,82 g (12,5 mmol) Natriumazid wurde die heterogene Reaktionsmischung unter Schutzgas über Nacht bei 80 ° C gerührt. Nach dem Erkalten wurde der restliche Feststoff abfiltriert und mit 50 ml Diethylether gewaschen. Die organische Phase wurde mit 10 ml gesättigter Kochsalzlösung gereinigt, über MgSO$_4$ getrocknet und das Lösungsmittel am Rotationsverdampfer entfernt. Der verbliebene Rückstand wurde im Hochvakuum getrocknet. Das Rohprodukt wurde ohne weitere Aufreinigung für die nachfolgenden Synthesen verwendet.

Ausbeute: 1,4 g (2,2 mmol; 88 % d. Th.)

^{1}H-NMR (CDCl$_3$, TMS):

δ_H (ppm): 1,16 – 1,42 (m, 25H$_a$); 1,51 – 1,66 (m, 4H$_b$); 3,21 – 3,26 (t, 2H$_c$); 3,42 – 3,47 (t, 2H$_d$); 3,49 – 3,72 (m, 32H$_e$)

tBu-EG$_8$-C$_{12}$H$_{24}$-NHBoc

Eine Lösung von 1,4 g (2,4 mmol) tBu-EG$_8$-C$_{12}$H$_{24}$-N$_3$ in 20 ml Methanol wurde im Autoklaven unter Rühren (Dreieckmagnetrührer) vorgelegt. Im Schutzgasgegenstrom wurden 0,65 g (3 mmol) Di-tert-Butyldicarbonat (Boc$_2$O) und 150 mg (5% wt.) Lindlar-Katalysator zugegeben. Nach Verschließen des Autoklaven wurden zweimal je 10 bar Wasserstoff aufgepresst und anschließend unter einem Druck von 2 bar bei Raumtemperatur für 16 Stunden gerührt.

Der Katalysator wurde über Celite abfiltriert und mit 15 ml Methanol gewaschen. Die organische Phase wurde über MgSO$_4$ getrocknet, das Lösungsmittel am Rotationsverdampfer entfernt und im Hochvakuum getrocknet. Der Rückstand wurde säulenchromatographisch (Methanol / Chloroform / 30 % NH$_3$ 1:30:0,1) gereinigt.

Ausbeute: 1,28 g (1,96 mmol; 82 % d. Th.)

^{1}H-NMR (CDCl$_3$, TMS):

δ$_H$ (ppm): 1,17 (s, 9H$_a$); 1,19 – 1,35 (m, 16 H$_b$); 1,42 (s, 9H$_c$); 1,47 – 1,69 (m, 4H$_d$); 3,38 – 3,45 (t, 2H$_e$); 3,47 – 3,72 (m, 34H$_f$).

HO-EG$_8$-C$_{12}$H$_{24}$-NH$_2$

Die *tert*.Butyl- und Boc-Schutzgruppen von tBu-EG$_8$-C$_{12}$H$_{24}$-NHBoc wurden analog der allgemeinen Arbeitsweisen mit Trifluoressigsäure in Dichlormethan gespalten. Zur Aufarbeitung wurde das Reaktionsgemisch im Hochvakuum vollständig getrocknet, der zurückgebliebene Rückstand in weinig Methanol aufgenommen und mit der konzentrierten Ammoniaklösung auf einen pH-Wert von 12 eingestellt. Nach 8 Stunden Rühren bei Raumtemperatur wurde die Lösung am Rotationsverdampfer bei einer Badtemperatur von 35 °C eingeengt. Die verbliebene wässrige Lösung wurde im Hochvakuum getrocknet und der Rückstand wurde durch Chromatograpie mit Methanol / Chloroform / 30 % NH$_3$ (1:20:0,1) aufgereinigt.

Ausbeute: 1,28 g (1,96 mmol; 82 % d. Th.)

^{1}H-NMR (CDCl$_3$, TMS):

δ$_H$ (ppm): 1,16 – 1,32 (m, 16H$_a$); 1,34 – 1,58 (m, 4H$_b$); 2,60 – 2,65 (t, 2H$_c$); 3,34 – 3,39 (t, 2H$_d$); 3,48 – 3,72 (m, 32H$_e$).

7 Experimente

$$HO-\left[\begin{array}{c}e\\\\e\end{array}\right.\left.\begin{array}{c}\\O\\d\end{array}\right]_{8}\overset{b}{-}\overset{a}{-}\overset{a}{-}\overset{a}{-}\overset{a}{-}\overset{a}{-}\overset{a}{-}\overset{a}{-}\overset{a}{-}\overset{a}{-}\overset{a}{-}\overset{c}{-}NH_{2}$$

Tensid D[149,150]

Die Lösung von 1,28 g (1,96 mmol) HO-EG$_8$-C$_{12}$H$_{24}$-NH$_2$ in 25 ml Methanol wurde bei Raumtemperatur mit 2,8 g (20 mmol) Methyliodid vorgelegt. Nach Zugabe von 0,67 g (8 mmol) Natriumhydrogencarbonat wurde die Reaktionsmischung 4 Tage unter Rückfluss gerührt. Der feste Niederschlag wurde abfiltriert, die klare Lösung wurde über MgSO$_4$ getrocknet, das Lösungsmittel am Rotationsverdampfer entfernt und im Hochvakuum getrocknet. Der Rückstand wurde durch Chromatographie über eine Kieselgelsäule mit 1-Propanol / Chloroform / Methanol / 30 % NH$_3$ (10:10:3:1) als Elutionsmittel gereinigt. Die Reinheit des Produkts wurde durch HPLC über eine ODS-Säule kontrolliert. Die molare Masse der Verbindung entspricht dem Massenspektrum (MALDI-TOF).

Variante:

Eine Lösung von 3,9 g (5 mmol) tBu-EG$_8$-C$_{12}$H$_{24}$-OTs in 10 ml Ethanol wurde im Autoklaven mit Magnetrühr vorgelegt. Unter Schutzgas wurden 75 ml (31~35 wt.%) Trimethylamin in Ethanol Lösung auf Aktivkohle zugegeben. Nach Verschließen des Autoklaven wurde das Reaktionsgemisch 3 Tage bei 75 °C gerührt. Zur Aufarbeitung wurde das Lösungsmittel im Hochvakuum gefriergetrocknet, der Rückstand durch Ionenaustauschchromatographie über eine Dowex 50WX2-Ionenaustauschersäule mit 3 M HCl / Methanol gereinigt. Die analytischen Daten des Massenspektrums (MALDI-TOF) entsprechen der Molmasse der Verbindung. Dieses Verfahren führte zu einer Erhöhung der Ausbeute um etwa 60 %.

7.5.7 Darstellung Tensid E

BnO-C$_6$H$_{12}$-Br[151]

0,698 g (29,08 mmol) 95 % Natriumhydrid wurden unter Schutzgas und Eiskühlung in 25 ml trockenem THF suspendiert. Die Lösung von 4,82 g (27,62 mmol) Benzylbromid und 5 g (26,79 mmol) 6-Bromo-1-hexanol in 50 ml trockenem THF wurde innerhalb von 40 Minuten bei 0 °C der Suspension hinzugetropft. Die Reaktion wurde dünnschichtchromatographisch kontrolliert und war nach 2 Stunden unter Rühren und Eiskühlung abgeschlossen. Die Reaktion wurde mit 15 ml Eiswasser beendet. Die wässrige Phase wurde mehrmals mit Ethylacetat extrahiert, die organischen Phasen wurden vereinigt, über MgSO$_4$ getrocknet und das Lösungsmittel am Rotationsvakuumverdampfer entfernt. Nach Trocknung im Hochvakuum wurde der Rückstand säulenchromatographisch mit Hexan / Ethylacetat (50:1) isoliert.

Ausbeute: 6,39 g (23,5 mmol; 88% d. Th.)

^{1}H-NMR (CDCl$_3$, TMS):

δ_H (ppm): 1,38 – 1,44 (m, 4H$_a$); 1,54 – 1,66 (m, 2H$_b$); 1,79 – 1,89 (m, 2H$_c$); 3,36 – 3,41 (t, 2H$_d$); 3,43 – 3,47 (t, 2H$_e$); 4,48 (s, 2H$_f$); 7,25 – 7,35 (m, 5H$_g$)

tBu-EG$_8$-C$_6$H$_{12}$-OBn

3,62 g (8,5 mmol) BnO-C$_6$H$_{12}$-Br wurden bei Raumtemperatur im Argongegenstrom zu einer Suspension von 0,2289 g (9 mmol) 95 % Natriumhydrid in 40 ml trockenem THF vorsichtig zugetropft wobei sich Wasserstoff gebildet hat. Nach 1 Stunde Rühren bei Raumtemperatur wurde die Reaktionsmischung auf 0 °C gekühlt und anschließend mit einer Lösung von 2,71 g (10 mmol) BnO-C$_6$H$_{12}$-Br in 10 ml THF über eine Kanüle langsam zugegeben. Nach 1 Stunde Rühren bei 0 °C wurde weitere 24 Stunden bei Raumtemperatur gerührt, um die Reaktion zu vollenden. Dabei fällt das entstandene Hydrochlorid als weißer Niederschlag aus. Der feste Niederschlag wurde abfiltriert und die organischen Phasen am Rotationsverdampfer eingeengt. Nach Trocknung im Hochvakuum wurde der Rückstand mit Ethylacetat / Methanol (50:1) durch Flashchromatographie gereinigt.

Ausbeute: 3,1 g (5 mmol; 60 % d. Th.)

^{1}H-NMR (CDCl$_3$, TMS):

δ_H (ppm): 1,17 (s, 9H$_a$); 1,27 – 1,48 (m, 8H$_b$); 3,39 – 3,72 (m 36H$_c$); 4,48 (s, 2H$_d$); 7,27 – 7,35 (m, 5H$_e$)

ESI-Ms: 639,41 (MNa$^+$) und 655,39 (MK$^+$)

tBu-EG$_8$-C$_6$H$_{12}$-OH

Die Verbindung tBu-EG$_8$-C$_6$H$_{12}$-OH wurde nach allgemeiner Arbeitsweise über das Entschützen von Benzylesther dargestellt. Nach Trocknen der organischen Phasen über MgSO$_4$ wurde die Lösung eingedampft, im Hochvakuum zu einer viskosen Flüssigkeit eingeengt und anschließend mit Ethylacetat / Methaol (40:1) durch Flashchromatograpie gereinigt.

Ausbeute: 2,6 g (4,9 mmol; 98 % d. Th.)

^{1}H-NMR (CDCl$_3$, TMS):

δ_H (ppm): 1,17 (s, 9H$_a$); 1,28 – 1,51 (m, 8H$_b$); 3,39 – 3,44 (t, 2H$_c$); 3,51 – 3,71 (m, 34H$_d$)

^{13}C-NMR (CDCl$_3$, TMS)

δ_C (ppm): 80,1 [O–C–(CH$_3$)$_3$], 70,8 (C$_6$), 65,1 (C$_7$), 62,4 (C$_1$), 31,5 (C$_2$), 29,7 (C$_5$), 28,7 [O–C–(CH$_3$)$_3$], 26,1; 25,9 (C$_3$; C$_4$)

ESI-Ms: 549,35 (MNa$^+$) und 565,33 (MK$^+$)

tBu-EG$_8$-C$_6$H$_{12}$-Br

3,31 g (10 mmol) Tetrabrommethan wurden unter Argonatmosphäre in die Lösung von 2,6 g (5 mmol) tBu-EG$_8$-C$_6$H$_{12}$-OH in 50 ml trockenem THF zugegeben. Die Lösung wurde in kaltem Wasser bei einer Temperatur zwischen 10 °C und 15 °C abgekühlt und mit 2,66 g (10 mmol) Triphenylphosphin versetzt. Die Reaktionsmischung wurde danach auf Raumtemperatur erwärmt und 12 Stunden bei Raumtemperatur gerührt. Das Lösungsmittel wurde am Rotationsverdampfer entfernt. Nach Trocknen im Hochvakuum wurde der Rückstand säulenchromatographisch mit Chloroform / Ethylacetat / Methanol (50:50:1) aufgereinigt.

Ausbeute: 2,4 g (4,1 mmol; 82 % d. Th.)

^{1}H-NMR (CDCl$_3$, TMS):

δ_H (ppm): 1,17 (s, 9H$_a$); 1,27 – 1,50 (m, 4H$_b$); 1,52 – 1,62 (m, 2H$_c$); 1,79 – 1,89 (m, 2H$_d$); 3,36 – 3,68 (m 36H$_e$)

ESI-Ms: 611,24 (MNa$^+$) und 629,26 (MK$^+$)

7 Experimente

tBu-EG8-C₆H₁₂-Spermin(Boc)₃

Die Verbindung tBu-EG8-C₆H₁₂-Spermin(Boc)₃ wurde analog der Synthese-Methode von HO-C₁₂H₂₄-Spermin(Boc)₃ durch Kupplung von 2,4 g (4 mmol) tBu-EG$_8$-C$_{12}$H$_{24}$-Br mit 2,9 g (5,8 mmol) Tri-Boc-Spermin und durch Zusetzen von 3-fach Kaliumcarbonat-Salz in 25 ml trockenem DMF erhalten. Das Rohprodukt konnte unter Verwendung eines Chloroform /Methanol / 32% NH₃ (12:1:0,1) als Elutionsmittel chromatographiert werden.

Ausbeute: 1,52 g (1,5 mmol; 38 % d. Th.)

^{1}H-NMR (CDCl₃, TMS):

δ_H (ppm): 1,17 (s, 9H$_a$); 1,21 – 1,97 (m, 43H$_b$); 2,74 – 3,78 (m, 48H$_c$)

ESI-Ms: 1011,64 (M⁺)

Tensid E

Die Umsetzung erfolgte entsprechend der allgemeinen Arbeitsvorschrift über das Abspalten von Boc-Schutzgruppen. Die Reinheit des Produkts wurde durch HPLC über eine ODS-Säule verfolgt. Die molare Masse der Verbindung entspricht dem Massenspektrum.

7.5.8 Darstellung Tensid F

Bn-EG₈-Tos

Die Tosylierung wurde analog der Darstellung von Bn-EG₄-Tos mit der Verbindung Bn-EG₈-OH mit *p*-Toluolsulfonsäurechlorid in einer alkalischen Lösung mit 50 % Natronlauge durchgeführt. Das Rohprodukt wurde nach Aufarbeitung durch Säulenchromatograpie mit Ethylacetat / Methanol (40:1) aufgereinigt.

Ausbeute: 18,56 g (30 mmol; 78 % d. Th.)

¹H-NMR (CDCl₃, TMS):

δ_H (ppm): 2,42 (s, 3H_a); 3,50 – 3,72 (m, 32H_b); 4,54 (s, 2H_c); 7,29 – 7,35 (m, 7H_d); 7,76 – 7,78 (d, 2H_e)

ESI-Ms: 637,36 (MNa⁺) und 653,34 (MK⁺)

tBuO-C₁₂H₂₄-OH

17 g (0,30 mmol) 2-Methylpropen wurden zu einer Suspension von 50,5 g (0,25 mol) 1,12-Dodecandiol in 200 ml Dichlormethan und 6,2 g Amberlyst 15 (Ionentauscher, protonierte Form) unter Stickstoffatmosphäre über einen Trockeneis / Aceton-Kondensor zugetropft. Die Reaktionsmischung wurde bei Raumtemperatur 3 Stunden gerührt. Anschließend wurden 10 ml konzentrierte H₂SO₄ langsam zugetropft, wobei die Innentemperatur 35 °C nicht überschreiten darf.

Nach Rühren über Nacht wurde Amberlyst 15 abfiltriert. Das Filtrat wurde mit 150 ml gesättigter Natriumhydrogencarbonatlösung gewaschen und zweimal mit je 300 ml Dichlormethan extrahiert. Die organische Phase wurde mit MgSO₄ getrocknet und das Lösungsmittel einrotiert. Der Rückstand wurde im Hochvakuum getrocknet und säulenchromatographisch (Ethylacetat / Hexan 8:1) gereinigt.

Ausbeute: 26,89 g (104 mmol; 42 % d. Th.)

¹H-NMR (CDCl₃, TMS):

δ_H (ppm): 1,23 (s, 9 H_a); 1,24 – 1,48 (m, 20H_b); 3,47 (t, 2H_c); 3,54 (t, 2H_d)

tBuO-C₁₂H₂₄-EG₈-Bn

Diese Verbindung wurde analog der Herstellung von BnO-C₁₂H₂₄-EG₈-tBu erhalten. Durch Säulenchromatographie mit Methanol / Ethylacetat (1:50) wurde das Rohprodukt gereinigt.

Ausbeute: 6,47 g (9,2 mmol; 36 % d. Th.)

^{1}H-NMR (CDCl$_3$, TMS):

δ_H (ppm): 1,23 (s, 9 H$_a$); 1,24 – 1,48 (m, 20H$_b$); 3,42 (t, 2H$_c$); 3,52 – 3,71 (m, 34H$_d$); 4,55 (s, 2H$_e$); 7,31 – 7,33 (m, 5H$_f$)

HO-C$_{12}$H$_{24}$-EG$_8$-Bn

Die Lösung von 6,47 g (9,2 mmol) tBuO-C$_{12}$H$_{24}$-EG$_8$-Bn in 100 ml 1,4-Dioxan wurde mit 40 ml 4N HCl unter Rückfluss gekocht. Nach 2-stündigem Erhitzen (DC-Kontrolle des Umsatzes) wurde das Reaktionsgemisch abgekühlt und am Rotationsverdampfer bei einer Badtemperatur von 45 °C kondensiert. Der Rückstand wurde in 100 ml Chloroform aufgenommen, anschließend zweimal mit 30 ml gesättigter Natriumhydrocarbonat-Lösung und einmal mit 30 ml Wasser gewaschen. Die organische Phase wurde über Magnesiumsulfat getrocknet und am Rotationsverdampfer eingeengt. Der Rest wurde im Hochvakuum über Nacht getrocknet und danach säulenchromatographisch mit Methanol / Ethylacetat (1:25) gereinigt.

Ausbeute: 5,02 g (7,8 mmol; 85 % d. Th.)

^{1}H-NMR (CDCl$_3$, TMS):

δ_H (ppm): 1,24 – 1,48 (m, 20H$_a$); 3,38 – 3,72 (m, 36Hb); 4,55 (s, 2H$_c$); 7,31 – 7,33 (m, 5H$_d$)

ESI-Ms: 667,40 (MNa$^+$) und 683,40 (MK$^+$)

Bn-EG$_8$-C$_{12}$H$_{24}$-Br

Die Herstellung Bn-EG$_8$-C$_{12}$H$_{24}$-Br wurde analog dem Aufbau von tBu-EG$_8$-C$_6$H$_{12}$-Br durchgeführt und in trockenem THF durch Umsetzung von Bn-EG$_8$-C$_{12}$H$_{24}$-OH mit Triphenylphosphin und Tetrabrommethan realisiert. Das Rohprodukt wurde durch Säulenchromatographie mit Methanol / Ethylacetat / Chloroform (1:50:50) gereinigt.

Ausbeute: 2,56 g (3,62 mmol; 79 % d. Th.)

^{1}H-NMR (CDCl$_3$, TMS):

δ_H (ppm): 1,18 – 1,50 (m, 20H$_a$); 3,36 – 3,44 (m, 4H$_b$); 3,52 – 3,74 (m, 32H$_c$); 4,55 (s, 2H$_d$); 7,28 – 7,36 (m, 5H$_e$)

ESI-Ms: 709,43 (M$^+$), 729,30 730,34 731,31 732,34 (MNa$^+$) und 745,31 741,37 (MK$^+$)

Bn-EG$_8$-C$_{12}$H$_{24}$-Sp(Boc)$_3$

Die Umsetzung erfolgte entsprechend der Arbeitsweise zum Aufbau tBu-EG8-C$_6$H$_{12}$-Spernin(Boc)$_3$, die durch die Kopplungsreaktion von Bn-EG$_8$-C$_{12}$H$_{24}$-Br mit Tri-Boc-Spermin erhalten wurde. Das Rohprodukt konnte durch Säulenchromatographie mit Methanol / Dichlormethan / 30 % NH$_3$ (1:12:0,1) gereinigt werden.

Ausbeute: 2,19 g (1,94 mmol, 55% d. Th.)

^{1}H-NMR (CDCl$_3$, TMS):

δ_H (ppm): 1,18 – 1,38 (m, 18H$_a$); 1,41 (s, 9H$_b$); 1,43 (s, 18H$_c$); 1,55 – 1,60 (m, 10H$_d$); 2,72 – 3,38 (m, 14H$_e$); 3,40 – 3,44 (t, 2H$_f$); 3,53 – 3,67 (m, 32H$_g$); 4,55 (s, 2H$_h$); 7,30 – 7,34 (m, 5 H$_i$)

HO-EG$_8$-C$_{12}$H$_{24}$-Sp(Boc)$_3$

Die Abspaltung der Benzyl-Schutzgruppe wurde entsprechend der allgemeinen Arbeitsvorschrift zum Entschützen des Benzylesters durchgeführt. Nach Aufarbeitung der Reaktionsmischung wurde der Rückstand säulenchromatographisch (Methanol / Chloroform / 30 % NH$_3$ 2:20:0,2) gereinigt.

Ausbeute: 1,53 g (1,47 mmol; 64 % d. Th.)

ESI-Ms: 1039,70 (M$^+$), 1061,74 (MNa$^+$) und 1077,74 (MK$^+$)

¹H-NMR (CDCl₃, TMS):

δ_H (ppm): 1,19 – 1,36 (m, 18H$_a$); 1,41 (s, 9H$_b$); 1,43 (s, 18H$_c$); 1,65 – 1,78 (m, 10 H$_d$); 2,72 – 3,39 (m, 14H$_e$); 3,40 – 3,44 (t, 2H$_f$); 3,52 – 3,77 (m, 32H$_g$)

¹³C-NMR (CDCl₃, TMS):

δ_C (ppm): 155,6 [N–CO–O–C–(CH$_3$)$_3$], 79,6 [O–C–(CH$_3$)$_3$], 70,3 – 70,9 (C$_1$), 61,1 (C$_{18}$), 46,2; 46,7 (C$_9$; C$_{12}$), 43,2; 43,7; 43,7 (C$_5$; C$_8$; C$_{13}$), 38,0; 37,8 (C$_6$; C$_{15}$), 29,4 – 29,8 (C$_3$), 28,6; 28,5 (C$_2$; C$_4$), 28,4 [O–C–(CH$_3$)$_3$], 27,2; 27,4 (C$_7$; C$_{14}$), 25,9; 25,8; 25,7; 25,4 (C$_{10}$; C$_{11}$; C$_{16}$; C$_{17}$)

Tensid F

Die Umsetzung erfolgte entsprechend der allgemeinen Arbeitsvorschrift zum Abspalten der Boc-Schutzgruppen. Die Reinheit des Produkts wurde durch HPLC-Kontrolle über eine ODS-Säule verfolgt. Die molare Masse der Verbindung entspricht dem Massenspektrum.

7.5.9 Herstellung des Poly-Hexylsperminacrylamids (PHSAM)

Monofunktionalisierung von Aminohexanol

6-Phthalimidohexananol[152,153]

7,4 g (0,05 mol) Phthalsäureanhydrid und 5,85 g (0,05 mol) 6-Amino-1-Hexanol wurden in 150 ml Toluol mit einer Wasserabscheider-Apparatur unter Rückfluss 4 Stunden gekocht. Nach Abkühlung auf Raumtemperatur wurde das Lösungsmittel am Rotationsverdampfer entfernt. Der weiße Feststoff wurde danach im Hochvakuum über Nacht getrocknet und säulenchromatographisch mit Methanol / Chloroform (1:25) isoliert.

Ausbeute: 10,4 g (42 mmol; 84 % d.Th.)

¹H-NMR (CDCl₃, TMS):

δ_H (ppm): 1,34 – 1,42 (m, 4H$_a$); 1,50 – 1,59 (quin, 2H$_b$); 1,62 – 1,72 (quin, 2H$_c$); 3,59 – 3,63 (t, 2H$_d$); 3,64 – 3,69 (t, 2H$_e$); 7,67 – 7,71 (m, 2H$_f$); 7,80 – 7,84 (m, 2H$_g$)

6-Phthalimidohexan-1-tosylat

7,42 g (30 mmol) 6-Phthalimidohexananol in 30ml Acetonitril wurden mit 7,76 g (45 mmol) Tetramethyl-1,6-Hexanediamine umgesetzt und im Eisbad auf eine Temperatur von 0 °C bis 5 °C gekühlt. Danach wurde eine Lösung aus 8,58 g (0,45 mmol) *p*-Toluolsulfonsäurechlorid in 30 ml Acetonitril hinzugetropft. Die Innentemperatur darf dabei +5 °C nicht überschreiten. Nach zwei Stunden Rühren bei einer Temperatur zwischen 0 °C und 5 ° C wurde die Reaktionsmischung mit 50 ml Wasser versetzt und dreimal mit 30 ml Ethylacetat extrahiert. Die vereinigten organischen Phasen wurden einmal mit 30 ml Wasser gereinigt und anschließend über MgSO$_4$ getrocknet. Das Lösungsmittel wurde am Rotationsverdampfer entfernt und die Probe im Hochvakuum von Lösungsmittelresten befreit. Der dann verbliebene Rückstand wurde säulenchromatographisch mit Chloroform aufgereinigt (DC: Hexan / Et$_2$O 10:3).

Ausbeute: 11,08 g (27 mmol, 90 % d.Th.)

^{1}H-NMR (CDCl$_3$, TMS):

δ$_H$ (ppm): 1,19 – 1,38 (m, 4H$_a$); 1,52 – 1,68 (m,4H$_b$); 2,42 (s, 3H$_c$); 3,59 – 3,63 (t, 2H$_d$); 3,96 – 4,01 (t, 2H$_e$); 7,31 – 7,34 (d, 2H$_f$); 7,67 – 7,71 (m, 2H$_g$); 7,75 – 7,77 (d, 2H$_h$); 7,80 – 7,83 (m, 2H$_i$)

6-Phthalimidohexanal[154,155]

Die Lösung von 7,616 g (60 mmol) Oxalsäuredichlorid in 60 ml trockenem Dichlormethan wurde unter Argonatmosphäre mit Trockeneis / Aceton auf -70 °C vorgelegt. Zu dieser Lösung wurden anschließend 8,75 ml (120 mmol) Methylsulfoxid in 20 ml Dichlormethan innerhalb von 10 min. unter Rühren zugetropft. Nach 15 min. Rühren bei -75 °C wurde eine Mischung von 12,36 g (50 mmol) 6-Phthalimidohexananol in 40 ml trockenem Dichlormethan innerhalb von 1 Stunde hinzugegeben. Dann wurde die Mischung 30 min. bei -50 °C gerührt. Nach der Zugabe von 42 ml (5 äq.) Thriethylamin wurde die Lösung langsam auf Raumtemperatur erwärmt und mit 100 ml Wasser versetzt. Die wässrige Phase wurde abgetrennt und zweimal mit 50 ml Dichlormethan extrahiert. Die vereinigten organischen Phasen wurden über MgSO$_4$ getrocknet und am Rotationsverdampfer eingeengt. Der Rest wurde im Hochvakuum über Nacht getrocknet und danach säulenchromatographisch mit Hexan/ Dichlormethan / Ethylacetat (3:1:1) gereinigt.

Ausbeute: 10,91 g (44,5 mmol; 89 % d.Th.)

^{1}H-NMR (CDCl$_3$, TMS):

δ_H (ppm): 1,26 – 1,36 (m, 2H$_a$); 1,56 – 1,68 (sext, 4H$_b$); 2,35 – 2,40 (t, 2H$_c$); 3,59 – 3,64 (t, 2H$_d$); 7,63 – 7,67 (m, 2H$_e$); 7,73 – 7,77 (m, 2H$_f$); 9,68 (s, 1H$_h$).

^{13}C-NMR (CDCl$_3$, TMS):

δ_C (ppm): 202,4 (1C$_1$); 168,4 (2C$_2$); 133,9 (2C$_3$); 132,1 (2C$_4$); 123,2 (2C$_5$); 43,7 (1C$_6$); 37,6 (1C$_7$); 28,3 (1C$_8$); 26,3 (1C$_9$); 21,5 (1C$_{10}$).

N-Benzyloxycarbonyl-6-amino-1-hexanol[156,157]

6,0 g (51 mmol) 6-Amino-1-Hexanol wurden unter Argonatmosphäre in 30 ml trockenem Methanol gelöst. Nach der Zugabe von 15,86 g (156 mmol) Triethylamin wurde die Lösung im Eisbad bei 0 °C gekühlt. Zu dieser Mischung wurde anschließend eine Lösung von 9,6 g (56 mmol) Chlorameisensäurebenzylester in 15 ml trockenem Methanol unter Eiskühlung und Rühren langsam zugetropft. Nach 2 Stunden Rühren bei 0 °C wurde die Mischung danach auf Raumtemperatur erwärmt und 12 Stunden bei Raumtemperatur gerührt (DC-Kontrolle des Ansatzes). Zur Aufarbeitung des Ansatzes wurde die Reaktionsmischung mit 15 ml Eiswasser versetzt, die wässrige Phase wurde mehrmals mit Dichormethan extrahiert, die organischen Phasen wurden vereinigt, über $MgSO_4$ getrocknet und das Lösungsmittel am Rotationsvakuumverdampfer entfernt. Nach Trocknung im Hochvakuum wurde der Rückstand säulenchromatographisch mit Chloroform / Methanol (7:1) isoliert.

Ausbeute: 10,4 g (41 mmol; 81 % d. Th.)

^{1}H-NMR ($CDCl_3$, TMS):

δ_H (ppm): 1,29 – 1,42 (m, $4H_a$); 1,45 – 1,57 (sext, $4H_b$); 3,15 – 3,20 (q, $2H_c$); 3,59 – 3,63 (t, $2H_d$); 5,08 (s, $2H_e$); 7,26 – 7,4 (m, $5H_f$)

N-Benzyloxycarbonyl-6-tosyl-1-hexylamin

Die Verbindung N-Benzyloxycarbonyl-6-tosyl-1-hexylamin wurde analog der Synthese der Verbindung 6-Phthalyamino-1-hexyltosylat durch Umsetzung von N-Benzyloxy-carbonyl-6-amino-1-hexanol mit p-Toluolsulfonsäurechlorid dargestellt. Der Rückstand wurde säulenchromatographisch mit einem Dichlormethan / Methanol (10:1) Gradienten steigender Polarität gereinigt.

Ausbeute: 3,85 g (8,8 mmol; 88 % d. Th.)

^{1}H-NMR ($CDCl_3$, TMS):

δ_H (ppm): 1,29 – 1,37 (m, $4H_a$); 1,38 – 1,48 (quin, $2H_b$); 1,52 – 1,64 (quin, $2H_c$); 2,43 (s, $3H_d$); 3,09 – 3,16 (q, $4H_e$); 3,97 – 4,01 (t, $2H_f$); 5,067 (s, $2H_g$); 7,26 – 7,39 (m, $7H_h$); 7,75 – 7,78 (d, $2H_i$)

N-Benzyloxycarbonyl-6-amino-1-hexanal

Die Verbindung N-Benzyloxycarbonyl-6-amino-1-hexanal wurde unter den gleichen Reaktionsbedingungen wie 6-Phthalimidohexanal hergestellt.

Ausbeute: 2,75 g (11 mmol; 69 % d.Th.)

^{1}H-NMR (CDCl$_3$, TMS):

δ_H (ppm): 1,28 – 1,38 (quin, 2H$_a$); 1,46 – 1,56 (quin, 2H$_b$); 1,58 – 1,68 (quin, 2H$_c$); 2,39 – 2,44 (t, 2H$_d$); 3,15 – 3,21 (q, 2H$_e$); 5,07 (s, 2H$_f$); 7,26 – 7,37 (m, 5H$_g$); 9,74 (br s, 1H$_h$)

PhtN-C$_6$H$_{12}$-Sp(Boc)$_4$ [158,159,160]

Variante A:

4,02 g (8 mmol) Tri-Boc-Spermin wurde unter Argonatmosphäre in 50 ml trockenem Methanol / Dichlormethan (1:3) gelöst und unter Rühren mit 8 g Molekularsieb 4 Å suspendiert. Zu dieser Suspension wurden anschließend 1,72 g (7 mmol) N-Benzyloxycarbonyl-6-amino-1-hexanal im Argongegenstrom gegeben und bei Raumtemperatur 4 Tage gerührt (DC-Kontrolle des Ansatzes). Danach wurden 0,726 g (12 mmol) Natriumcyanoborhydrid in der Suspension unter Argonatmosphäre versetzt. Nach weiterem Rühren für 4 Tage bei Raumtemperatur wurde der weiße Feststoff entfernt, die organische Phase wurde am Rotationsverdampfer eingeengt und anschließend im Hochvakuum von Lösungsmittelresten befreit. Der Rückstand wurde säulenchromatographisch mit Chloroform / Methanol / 32% NH$_3$ (15:1:0,1) gereinigt.

Ausbeute: 1,41 g (1,9 mmol; 27 % d.Th.)

Variante B:

Die Lösung von 6,04 g (12 mmol) Tri-Boc-Spermin in 50 ml trockenem Acetonitril wurde unter Argonatmosphäre mit 1,99 g (15 mmol) Kaliumcarbonat suspendiert und anschließend eine Lösung aus 4,01 g (10 mmol) N-Benzyloxycarbonyl-6-tosyl-1-hexylamin bei Raumtemperatur unter Rühren innerhalb von 40 min. hinzugetropft. Die Reaktion wurde dünnschichtchromatographisch verfolgt und war nach 4 Tagen abgeschlossen. Zur Aufarbeitung wurde die organische Phase erst filtriert, dann mit 25 ml Wasser versetzt. Die wässrige Lösung wurde dreimal mit 20 ml Chloroform extrahiert, die vereinigten organischen Phasen über MgSO$_4$ getrocknet und das Lösungsmittel am Rotationsverdampfer entfernt. Der verbliebene Rückstand wurde im Hochvakuum von Lösungsmittelresten befreit und säulenchromatographisch (Methanol / Dichlormethan / 32 % NH$_3$ 1:20:0,1) an Kieselgel (Flash) aufgereinigt.

Ausbeute: 3,98 g (5,4 mmol; 54 % d.Th.)

ESI-Ms: 732,52 (M$^+$)

^{1}H-NMR (CDCl$_3$, TMS):

δ$_H$ (ppm): 1,18 – 1,89 (m, 43H$_a$); 2,42 – 2,75 (m, 2Hb); 2,92 – 3,44 (m, 12Hc); 3,62 – 3,67 (t, 2H$_d$); 7,67 – 7,71 (m, 2H$_e$); 7,78 – 7,82 (m, 2H$_f$)

^{13}C-NMR (CDCl$_3$, TMS):

δ$_C$ (ppm): 168,3 (C$_1$); 156,0; 156,4 [N–CO–O–C–(CH$_3$)$_3$], 133,8 (C$_2$); 132,0 (C$_3$); 123,1 (C$_4$); 79,4 [O–C–(CH$_3$)$_3$], 49,6; 49,3; 46,7; 46,2; 44,1; 43,7 (C5; C6; C7; C8; C9 C10), 37,9; 37,7 (C11; C12); 28,9; 28,4; 28,3 [C13; C14; O–C–(CH$_3$)$_3$], 27,1; 26,7; 25,6; 25,8; 25,4 (C15; C16; C17, C18; C19; C20)

Die Lösung von 2,37 g (3,2 mmol) PhtN-C$_6$H$_{12}$-Sp(Boc)$_3$ in 20 ml trockenem Methanol wurde unter Argonatmosphäre mit 3,4 ml Triethylamin versetzt und im Eisbad bei 0 °C 10 min. gerührt. Zu dieser Mischung wurde anschließend eine Lösung von 1,047 g (5 mmol) Di-*tert*-butyldicarbonat in 15 ml trockenem Methanol unter Eiskühlung und Rühren langsam zugetropft. Nach 1 Stunde Rühren bei 0 °C wurde die Mischung danach auf Raumtemperatur erwärmt und 12 Stunden bei Raumtemperatur gerührt. Zur Aufarbeitung wurde das Lösungsmittel bei Raumtemperatur entfernt, der verbliebene Rückstand in 40 ml Dichlormethan aufgenommen und anschließend dreimal mit 20 ml gesättigter Natriumcarbonat-Lösung gewaschen. Nach dem Trocken über MgSO$_4$ wurde das Lösungsmittel am Rotationsverdampfer eingeengt und im Hochvakuum von Lösungsmittelresten befreit. Die Rohprodukte wurden säulenchromatographisch (Methanol / Dichlormethan / 1:35) an Kieselgel (Flash) aufgereinigt.

Ausbeute: 2,29 g (2,8 mmol; 88 % d.Th.)

FD-Ms: 854,50 (MNa⁺)

¹H-NMR (CDCl₃, TMS):

δ$_H$ (ppm): 1,18 – 1,87 (m, 52H$_a$); 2,89 – 3,32 (m, 14H$_b$); 3,63 – 3,67 (t, 2H$_c$); 7,67 – 7,70 (m, 2H$_d$); 7,80 – 7,83 (m, 2H$_e$).

CBZ-NH-C$_6$H$_{12}$-Sp(Boc)$_4$

Die Darstellung der Verbindung CBZ-NH-C$_6$H$_{12}$-Sp(Boc)$_4$ erfolgt durch Kopplung des Tri-Boc-Spermins mit den *N*-CBZ-geschützten Aminoderivaten der N-Benzyloxycarbonyl-6-amino-1-hexanal und *N*-Benzyloxycarbonyl-6-tosyl-1-hexylamin analog der Durchführung von PhtN-C$_6$H$_{12}$-Sp(Boc)$_4$. Das Rohprodukt wurde unter Verwendung eines Chloroform / Methanol / 32 % NH$_3$ Gradienten (15:1:0,1) chromatographisch aufgereinigt.

¹H-NMR (CDCl₃, TMS):

δ$_H$ (ppm): 1,36 – 1,59 (m, 52H$_a$); 3,01 – 3,30 (m, 16H$_b$); 5,07 (s, 2H$_c$); 7,25 – 7,36 (m, 5H$_d$).

NH-C$_6$H$_{12}$-Sp(Boc)$_4$[161]

Die Pht-Schutzgruppe der Verbindung PhtN-C$_6$H$_{12}$-Sp(Boc)$_4$ wurde analog zur Literatur[161] mit Hydrazin gespalten. Dazu wurde die Lösung von 2,34 g (2,8 mmol) PhtN-C$_6$H$_{12}$-

Sp(Boc)$_4$ in 20 ml Ethanol unter Argonatmosphäre mit 0,28 g (5,6 mmol) Hydrazin Monohydrat unter Rückfluss für 8 Stunden gekocht. Nach dem Abkühlen auf Raumtemperatur wurde der Niederschlag abfiltriert und mit 20 ml Ethanol gewaschen. Die organische Phase wurde am Rotationsverdampfer eingeengt, der verbliebene Rückstand mit 40 ml Ethylacetat aufgenommen und anschließend mit 15 ml gesättigter Natriumcarbonat-Lösung gewaschen. Die organische Phase wurde über MgSO$_4$ getrocknet, das Lösungsmittel am Rotationsverdampfer entfernt und im Hochvakuum getrocknet. Das Rohprodukt wurde säulenchromatographisch (Methanol / Dichlormethan / 32 %NH$_3$ 1:15:0,1) an Kieselgel (Flash) aufgereinigt.

Ausbeute: 1,55 g (2,2 mmol; 79 % d. Th.)

Die Benzyloxycarbonyl-Schutzgruppe der Verbindung CBZ-NH-C$_6$H$_{12}$-Sp(Boc)$_4$ wurde analog der Literatur im Autoklaven bei 15 bar unter H$_2$-Atmosphäre mit einem Palladium 10% wt. auf Aktivkohle (Degussa Typ E101) als Katalysator in Methanol innerhalb von 2 Tagen hydriert.

Ausbeute: 1,32 g (1,88 mmol; 58% d. Th.)

^{1}H-NMR (CDCl$_3$, TMS):

δ$_H$ (ppm): 1,27 – 1,52 (m, 52H$_a$); 2,68 – 2,73 (t, 2H$_b$); 2,96 – 3,19 (m, 14H$_c$).

N-Hexylacrylamide-tetra.Boc-Spermin[162]

Die Lösung von 2,81 g (4 mmol) NH-C$_6$H$_{12}$-Sp(Boc)$_4$ in 120 ml trockenem Dichlormethan wurde mit 3,03 g (30 mmol) Triethylamin und 4 mg (0,034 mmol) 4-(Dimethylamino)-pyridin unter Schutzgas in einem ausgeheizten Rundkolben vorgelegt und mit einer Eis-Kochsalzmischung auf 0 °C abgekühlt. Anschließend wurden 0,37 g (4 mmol) Acrylsäurechlorid im Argongegenstrom hinzugetropft. Das Reaktionsgemisch wurde für 7 Stunden bei 0 °C sowie weitere 12 Stunden bei Raumtemperatur gerührt, dann zweimal mit 30 ml Wasser gewaschen und die organische Phase über MgSO$_4$ getrocknet. Das Lösungsmittel wurde bei Raumtemperatur entfernt. Der Rückstand wurde im Hochvakuum getrocknet und unter Verwendung eines Chloroform / Methanol /32 % NH_3 Gradienten durch Flashchromatographie aufgereinigt.

Ausbeute: 2,5 g (3,3 mmol; 83 % d. Th.)

ESI-Ms: 756,61; 778,59 (MNa^+); 794,57 (MK^+)

^{1}H-NMR ($CDCl_3$, TMS):

δ_H (ppm): 1,26 – 1,78 (m, $52H_a$); 2,90 – 3,44 (m, 16 H_b); 5,55 – 5,64 (d, $1H_c$); 6,02 – 6,20 (dd, $1H_d$); 6,21 – 6,30 (d, $1H_e$)

^{13}C-NMR ($CDCl_3$, TMS):

δ_C (ppm): 166,8 (C_3); 156,1;155,6 155,4 [N–CO–O–C–$(CH_3)_3$], 131,1 (C_2); 125,9,0 (C_1); 79,6; 79,5; 79,3; 78,9 [O–C–$(CH_3)_3$], 46,8; 44,8; 44,2; 43,7 (C_4; C_5; C_6;C_7), 39,2; 37,5 (C_8; C_9), 29,5; 29,1; 28,5; 28,4; 27,8 [C10; C11; C12; C13; O–C–$(CH_3)_3$], 26,7 – 25,5 (C14; C15; C16; C17)

Di-(thiobenzoyl)-disulfid[163,164]

Diese Verbindung wurde laut Literatur[1] hergestellt. Zu einer 30-%igen Lösung von Natriummethanolat (18 g, 100 mmol) in Methanol wurde elementarer Schwefel (3.2 g, 100 mmol) hinzugegeben und dann über einen Zeitraum von einer Stunde tropfenweise Benzylbromid (8,6 g, 50 mmol) hinzugefügt. Die erhaltene braune Lösung wurde über Nacht unter Rückfluss erhitzt. Nachdem die Lösung auf Raumtemperatur abgekühlt war, wurde der weiße Feststoff (Natriumbromid) abfltriert und das Lösungsmittel am Rotationsverdampfer entfernt. Der verbliebene braune Feststoff wurde in 50 ml Wasser aufgenommen und die Lösung dreimal mit jeweils 20 ml Diethylether gewaschen. Bei der Zugabe der letzten 50 ml Volumen Diethylether wurde das Zwei-Phasen-Gemisch mit konzentrierter Salzsäure angesäuert. Die wässrige Phase verlor dabei ihre charakteristische braune Farbe, gleichzeitig färbte sich die etherische Phase violett. Die etherische Phase wurde dreimal mit destilliertem Wasser gewaschen und über $MgSO_4$ getrocknet. Nach Zugabe von 100 ml Diethylamin fiel sofort ein roter Feststoff aus. Der Niederschlag wurde nach einer Stunde abfiltriert und an der Luft getrocknet. Das Rohprodukt wurde ohne weitere Aufreinigung in 50 ml Ethanol gelöst und mit einer Eis-Kochsalzmischung auf 0 °C abgekühlt; anschließend wurde eine Lösung von 7 g (55 mmol) Jod in 150 ml Ethanol innerhalb von 2 Stunden hinzugegeben. Der ausfallende dunkelrote Niederschlag wurde abfiltriert und im Hochvakuum getrocknet. Zur Feinreinigung wurde der erhaltene Feststoff in Chloroform gelöst und anschließend mit Ethanol wieder ausgefällt. Nach zweimaliger Wiederholung dieser Reinigungsprozedur wurde ein dünnschichtchromatographisch reines Produkt in Form eines roten feinkristallinen Pulvers erhalten. Die analytischen Daten entsprechen der Literatur.

Ausbeute: 2,4 g (7,8 mmol; 33 % d. Th.)

2-Cyanopropan-2-yl benzodithioat

Die Verbindung 2-Cyanopropan-2-yl-benzodithioat wurde analog Literaturvorschrift[2] durch Umsetzung von Di-(thiobenzoyl)-disulfid mit 2,2'-Azobis(2-methylpropionitril) erhalten. Das Rohprodukt wurde durch Chromatographie mit einem Hexan / Ethylacetat (18:1) Gradienten aufgereinigt.

Ausbeute: 2,13 g (9,6 mmol; 62 % d. Th.)

^{1}H-NMR ($CDCl_3$, TMS):

δ_H (ppm): 1,92 (s, 6 H_a); 7,38 (dd, J=2,6Hz 2H_b); 7,55 (d, J=2,6Hz 1H_c); 7,88 (d, J=2,8Hz 2H_d)

Polymerisation des Monomers N-Hexylacrylamide-tetra-Boc-Spermin

In einem ausgeheizten Schlenkrohr wurden 1,51 g (2 mmol) N-Hexylacrylamide-tetra-Boc-Spermin, 2-cyanopropan-2-yl-benzodithioat und AIBN im Verhältnis 200:1:0,2 unter Schutzgas in 2 ml frisch destilliertem Anisol bei Raumtemperatur gelöst. Das Reaktionsgemisch wurde mittels viermaliger „freeze-pump-and thaw"-Methode an einer Hochvakuumpumpe entgast. Nach der Durchführung des letzten „freeze-pump-and thaw"-Vorgangs wurde das Reaktionsgemisch mit Argon geflutet und mit einem Argonballon verschlossen und anschließend bei 90 °C für 24 Stunden temperiert. Zur Aufarbeitung wurde das Reaktionsgemisch bei Raumtemperatur im Hochvakuum von Lösungsmittel befreit und der ölige Rückstand durch präparative Gelpermeationschromatographie (GPC) mit THF gereinigt.

Abspaltung der Schutzgruppe zur Herstellung des polyvalenten, kationischen Polymers

Zur Abspaltung der RAFT-Gruppe wurde das Polymer in einem ausgeheizten Kolben mit einem 1000-fachen molaren Überschuss von AIBN in 1,4-Dioxan versetzt (1,4 g AIBN auf ca. 1 g Polymer), welches vorher mittels dreimaliger „freeze-pump-and thaw"-Methode entgast wurde. Das Reaktionsgemisch wurde anschließend 12 Stunden unter Rückfluss erhitzt. Nach dem Abkühlen auf Raumtemperatur wurde das Lösungsmittel am Rotationsverdampfer entfernt und der Rückstand im Hochvakuum getrocknet. Das Rohprodukt wurde ohne weitere Aufreinigung für die nachfolgende Abspaltung der Boc-Schutzgruppe verwendet. Die Abspaltung der Boc-Schutzgruppe wurde entsprechend der allgemeinen Arbeitsvorschrift durchgeführt.

7.6 Verwendete Geräte

HPLC-Messungen Die HPLC-Messungen wurden an der RP18-Säule sowie der Perfect Bond ODS-HD-Säule (Hersteller: Mz-Analysentechnik; Mz-Lichrospher, Durchmesser: 4mm, Länge 250mm, Partikelgröße: 5µm) durchgeführt. Das Laufmittel wurde mit einem Degasser EC3114 und mit einer Pumpe der Firma Hitachi Modell L7100 befördert. Die Ofentemperatur betrug bei jeder Messung 323 K. Die Probenkonzentration betrug 1 g/l, und pro Messung von 20 μl eingespritzt werden. Die Detektion erfolgte mittels eines Waters 481 UV-Detektor und einem Lichtstreuverdampfungsdetektor (PL-ELS 2100 Ice). Dabei erfolgte die Zerstäubung mit Hilfe eines Stickstoffstroms der Stärke 1,4 SLM (Standard Liter/Minute) und die Verdampfung der Proben bei 40°C.

GPC-Messungen Die GPC-Messung wurde in THF als Lösungsmittel unter Verwendung von 3 x 30 cm Säulen vom Typ MZ-SDV mit den Porengrößen 10^3, 10^4, 10^5 und 10^6 Å bei 30 °C durchgeführt. Die Signaldetektion erfolgt mittels eines UV/VIS-Detektors 2487 der Firma Waters (λ = 230 nm bzw. 254 nm) und einem RI-Refraktometer 2410 der Firma Hitachi (L-2410). Als Pumpe diente eine HPLC-Pumpe 510 der Firma Waters. Der Degasser stammt von der Firma Waters (Modell AF).
Zur Messung wurden jeweils 20 ul einer Konzentration etwa 1g/l Polymerlösung injiziert und mit einer Flussrate von 1.0 ml/min eluiert. Zur Erstellung der Standard-Eichkurven

(log([η]·M) *vs.* Ve) wurden Polystyrol- bzw. Polybutadien-Standards (PSS, Mainz) verwendet. Molekulargewichte sowie Molekulargewichtsverteilungen wurden mit dem Programm-Paket NTeqGPC V5.1.5 (hs GmbH) berechnet.

NMR-Messungen Die NMR-Spektren wurden entweder an einem Bruker 300 Ultra Shield oder an einem Bruker Avance DRX 400-NMR-Gerät bei Raumtemperatur durchgeführt. Als Lösungsmittel wurden $CDCl_3$ und CD_3-OD verwendet, wobei die Probenkonzentration 20-40 mg/ml für ^{1}H- NMR-Spektren und 70-100 mg/l für ^{13}C-NMR-Spektren betrug. Zur Bearbeitung der Spektren wurde das Programm MestRec verwendet. Die chemischen Verschiebungen der Signale wurden in Einheiten der δ-Skala in ppm angegeben und bezogen sich auf Tetramethylsilan als interner Standard. Die Angaben bezüglich der Aufspaltung der Signale bedeuten: s = Singulett, d = Dublett, t = Triplett, q = Quartett, m = Multiplett, br. = breit.

FT-IR-Spektren Als FT-IR-Spektrometer wurde das Modell Vector 33 der Firma Bruker verwendet. Die Messung von Flüssigkeiten wurde auf NaCl-Platten durchgeführt. Die Proben als Feststoffe wurden in Reflexion unter Verwendung einer Golden Gate-Anordnung, Single Reflection Diamond ATR, vermessen. Die Auswertung der Spektren erfolgte mit der Software OPUS Version 3:1.

UV/Vis-Spektren Die UV/VIS-Spektren wurden an einem Spektrometer Model 100 Bio UV/VIS der Firma Cary aufgenommen. Anschließend wurde das Spektrum des reinen Lösungsmittels abgezogen und mit der zugehörigen Software Win UV Scan Application Version 9.0 ausgewertet. Bei den Messungen wurden Quarzglasküvetten des Typs 100-QS der Firma Hellma mit einer Schichtdicken 10 mm verwendet. Die Scangeschwindigkeit betrug bei allen Messungen 20 nm/min Die Messungen erfolgten bei einer Temperatur von 298 K.

MALDI-Tof Massenspektrometer Die MALDI-Tof-Messungen wurden mit einem Micromass-Tof-SpecE im Reflektronmodus aufgenommen. Die Konzentration der Matrix betrug 20 g/L in THF, die Probe wurde in THF 1 g/l hergestellt, die Salzkonzentration betrug 1 g/l. Als Matrix wurde 2-(4-Hydroxyphenylazo)benzoic acid (HABA) und Dithranol verwendet. Als Kationisierungsagenz diente Silbertrifluoracetat und Kaliumtrifluoracetat. Das Mischungsverhältnis von die Probe zu Matrix und Salz liegt bei 20 : 20 : 1. Zu den Messungen wurde die Mischung auf einem Träger aufgegeben und eingetrocknet. Die Auswertung der Spektren erfolgte mit der Software Komparkt 2.

7 Experimente

Brechungsindexinkremente Die Bestimmung des Brechungsindexinkrements erfolgt mit Hilfe eines Michelson Interferometers. Dazu wurden mindestens 5 verschiedene Konzentrationen der zu untersuchenden Probe vorbereitet und zusammen mit dem Lösungsmittel 1 Tag auf dem Schüttler belassen. Vor den Messungen musste die Proben über Nacht bei 20°C *temperiert* werden. Für die Messungen wurde ein He-Ne Laser mit einer Wellenlänge von 632,8 nm verwendet.

AFM-Aufnahmen Die AFM-Aufnahmen wurden mit einem MultiModeTM Scanning Probe Microscope, ausgestattet mit einem Nanoscope IIIa-Controller, der Firma Digital Instruments, Santa Barbara, USA, durchgeführt. Die Bilder wurden im Tapping-Mode mit Silicium-Spitzen (Hersteller: Nanosensor) mit einer Resonanzfrequenz von ca. 300 kHz aufgenommen. Die Probenlösungen wurden mit einer Konzentration von ca. 2.5mg/l durch Spin-coating auf frisch gespaltenem Mica aufgetragen.

Cryo-TEM-Aufnahmen Die Cryo-TEM-Aufnahmen wurden an einem Tecnai 12 Elektronenmikroskop der Firma FEI mit einer LaB6-Kathode bei Beschleunigungspannung von 120kV und mit Zusatz einer BIO-TWIN Linse bei einer Temperatur von -175°C durchgeführt. Die Bilder wurden im Hellfeldmodus mit einer Kamera 4K TemCam-F416 der Firma TVIPS aufgenommen. Vor den Messungen wurden die Probenlösungen mit Hilfe von Vitrobot in flüssigem Propan bei −85°C vitrifiziert.

REM-Aufnahmen Die in dieser Arbeit gezeigten rasterelektronenmikroskopischen Aufnahmen wurden in Kooperation mit der Jilin Universität von der Arbeitsgruppe Lixin Wu an einem Mikroskop der Firma JEOL Typnummer JSM-6700F bei einer Beschleunigungsspannung 5 kV und einem Druck kleiner 5×10^{-6} mbar und mit einer Vergrößerung von 10.000 und 50.000 erhalten. Die Proben wurden mit einer Konzentration von 288 mg/l auf Silicon-Chip durch Gefriertrocknung präpariert.

Röntgenphotoemissionsspektroskopie (XPS) XP-Spektren wurden an einem MAX-200-Spektrometer der Firma Leybold-Heraeus aufgenommen. Hierbei wurde eine nichtmonochromatisierte Aluminiumanode mit einer Energie der $K\alpha_{1,2}$-Linie von 1486.6 eV bei einer Halbwertsbreite von ca. 1 eVolt zur Anregung der Photoelektronen verwendet. Die Detektion der Elektronen wurde erfolgte mittels eines Zylindersektor-Analysators CSA 300 (Fa. OMICRON) mit Fokussierung 2. Ordnung. Die Winkelakzeptanz des Analysators wurde durch die Fokussierung von 0,7° bis 10° aufgenommen. Die Proben wurden in *gleicher Weise* durch Gefriertrocknung präpariert.

7 Experimente

Statische und dynamische Lichtstreumessungen Die Lichtstreumessungen wurden alle bei 20°C durchgeführt. Die statischen Messungen wurden an einer Anlage gemessen, die mit einem Helium-Neon-Laser (JDS Uniphase 1145p-3083, Wellenlänge 632.8 nm, Leistung 25 mW) ausgestattet ist. Die Detektionseinheit besteht aus einem Goniometer ALV-SP-86, einem ALV/High QEAPD Avalanche-Photodioden / Faseroptikdetektionssystem und dem Digital Korrelator / Strukturator ALV-3000, alles von der Firma ALV, Langen. Die dynamischen Lichtstreumessungen wurden an einer Lichtstreuanlage aus einem Goniometer SP-125 mit ALV/SO-SIPD Single Photon Detektor (Lichtwellenleiter-Optik), einem ALV-5000 / EPP / 60X0 Multitau Realtime Digital Korrelator, alles von der Firma ALV, Langen, und mit einem Argon-Ionen-Laser (Spectra Physics Stabilite 2060-4S, Wellenlange 514,5 nm, Leistung 500 mW) durchgeführt. Die gemessenen Lichtstreudaten wurden mit Hilfe der Fit-Programme ALVSTAT (Fa. ALV-GmbH, Langen) bzw. HDRC (O. Nirschl., M. Schmidt) ausgewertet. Polydispersitäten wurden bei Auswertung der Feldautokorrelationsfunktion durch Anpassen einer biexponentiellen Fitfunktion berücksichtigt und der apparente Diffusionskoeffizient durch Bestimmung des amplituden gemittelten Mittelwertes erhalt, die Polydispersität wurde als normierter zweiter Kumulant bei 90° bestimmt, wobei die Kumulanten-Reihenentwicklung nach dem quadratischen Summanden abgebrochen wird.

Die Probenlösung wurde in einer staubfreien Flow-Box in die Quarzglasküvetten von der Firma Hellma, Müllheim, mit einem Durchmesser von 20mm und einer Schichtdicken von 1mm filtriert. Vor der Filtration wurden die Küvette und der Deckel mindestens 30 min. mit destilliertem Aceton staubfrei gespült.

Anhang

Zusätzliche Daten und Ergebnisse

Abbildung A 1: AFM-Amplitudenbilder des Polymers in reinem Wasser mit c=0,2g/l

Abbildung A 2: AFM-Amplitudenbilder des Gd-POM

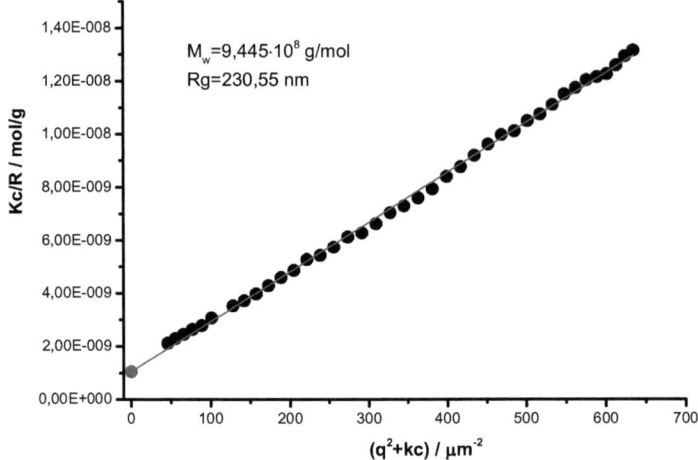

Abbildung A 3: Komplexierung von DNA mit Polymer bei Volumenverhältnis ($V_{Polymer}/V_{DNA}$) 1,4:1 in 150 mM NaCl; (für die Auftragungen wurde ein Brechungsindexinkrement von *dn/dc* = 0,17 ml/g verwendet).

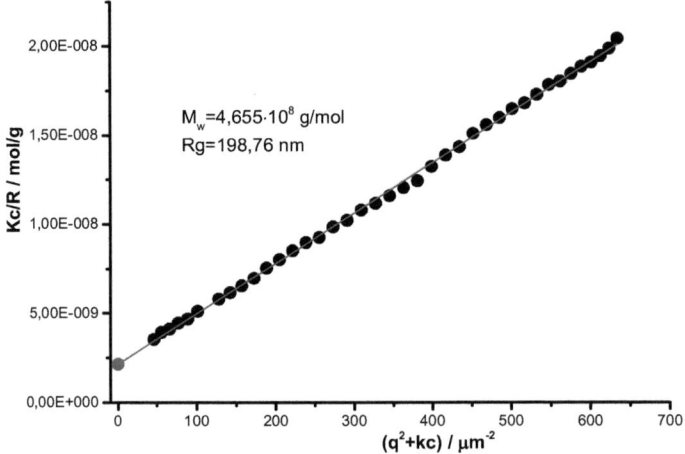

Abbildung A 4: Komplexierung von DNA mit Polymer bei Volumenverhältnis ($V_{Polymer}/V_{DNA}$) 1,7:1 in 150nM NaCl; (für die Auftragungen wurde ein Brechungsindexinkrement von *dn/dc* = 0,17 ml/g verwendet).

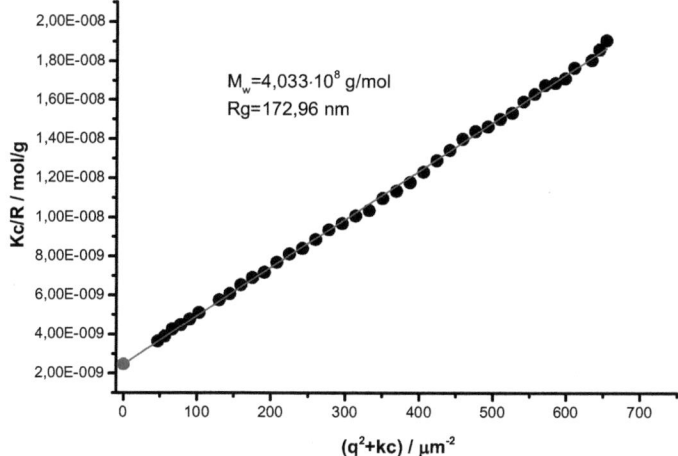

Abbildung A 5: Komplexierung von DNA mit Polymer bei Volumenverhältnis ($V_{Polymer}/V_{DNA}$) 2,5:1 in 150 mM NaCl; (für die Auftragungen wurde ein Brechungsindexinkrement von dn/dc = 0,17 ml/g verwendet).

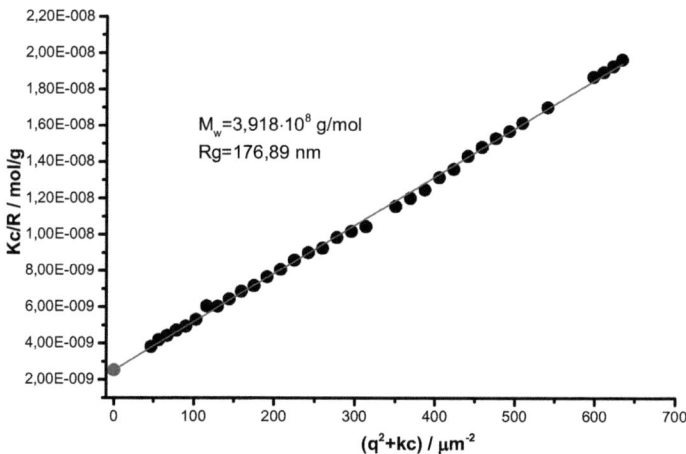

Abbildung A 6: Komplexierung von DNA mit Polymer bei Volumenverhältnis (VPolymer/VDNA) 3,0:1 in 150 mM NaCl; (für die Auftragungen wurde ein Brechungsindexinkrement von dn/dc = 0,17 ml/g verwendet).

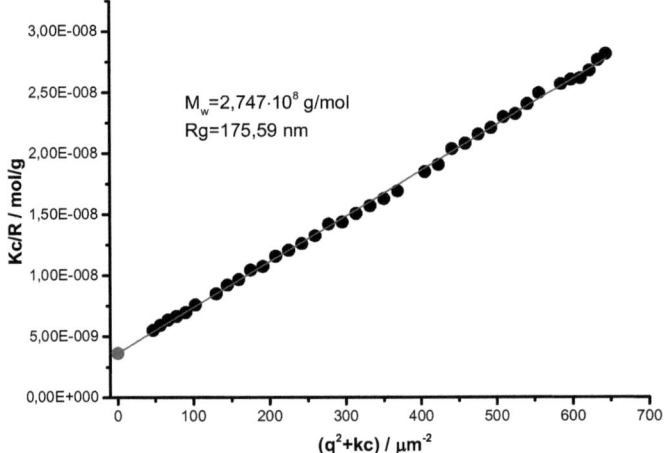

Abbildung A 7: Komplexierung von DNA mit Polymer bei Volumenverhältnis ($V_{Polymer}/V_{DNA}$) 4,6:1 in 150 mM NaCl; (für die Auftragungen wurde ein Brechungsindexinkrement von dn/dc = 0,17 ml/g verwendet).

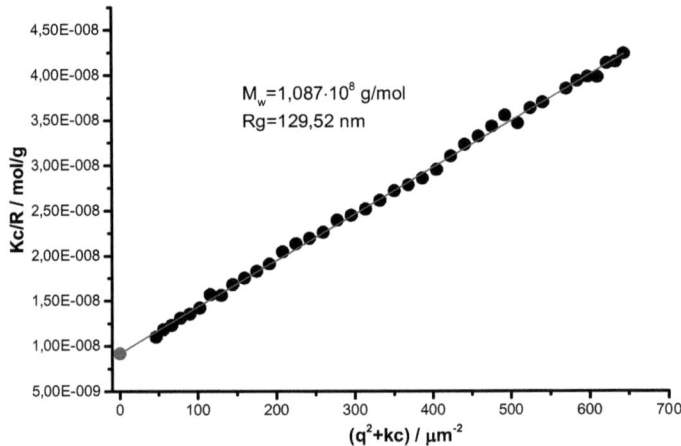

Abbildung A 8: Komplexierung von DNA mit Polymer bei Volumenverhältnis ($V_{Polymer}/V_{DNA}$) 5,7:1 in 150 mM NaCl; (für die Auftragungen wurde ein Brechungsindexinkrement von dn/dc = 0,17 ml/g verwendet).

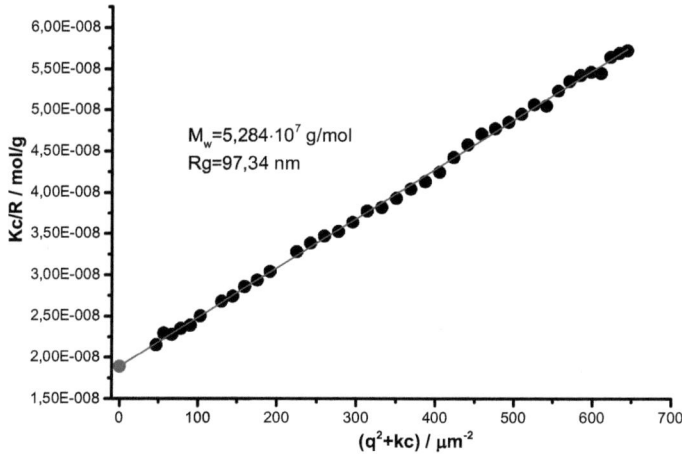

Abbildung A 9: Komplexierung von DNA mit Polymer bei Volumenverhältnis ($V_{Polymer}/V_{DNA}$) 6,5:1 in 150 mM NaCl; (für die Auftragungen wurde ein Brechungsindexinkrement von dn/dc = 0,17 ml/g verwendet).

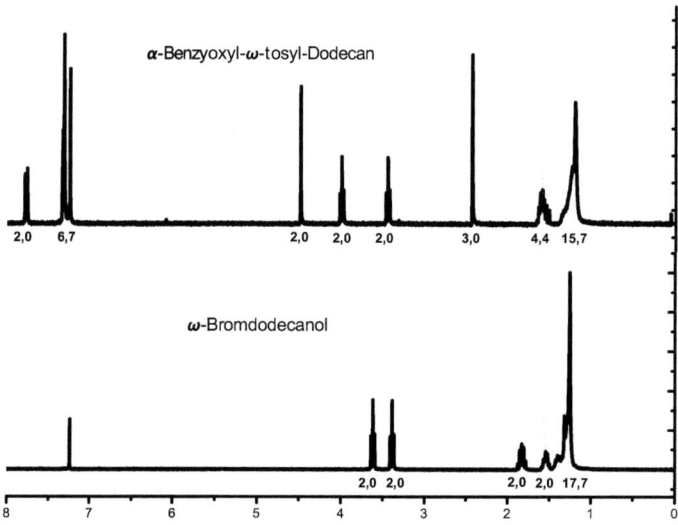

Abbildung A 10: 1H-NMR von ω-Bromdodecanol und α-Benzyoxyl-ω-tosyl-Dodecan

Tabelle A 1: Dichte der Komplexe

$V_{Polymer}/V_{DNA}$	Dichte auf Basis des Hydrodynamischen Radius g/cm^3	Dichte auf der Basis des Trägheitsradius / g/cm^3
1,4	0,155	0,032
1,7	0,078	0,023
2,5	0,077	0,032
3,0	0,079	0,027
4,6	0,055	0,020
5,7	0,036	0,020
6,5	0,039	0,022

Danksagung

An erster Stelle möchte ich mich bei Herrn Prof. Dr. Manfred Schmidt für die Überlassung des interessanten Themas, seinen fachlichen Rat und die tatkräftige Unterstützung bedanken.

Sehr herzlich bedanke ich mich auch bei Herrn Prof. Dr. Lixin Wu von der Jilin-Universität für die Übernahme der Kooperation und herzlichst für die dreimonatige nette Aufnahme in Changchun China. Allen Mitarbeitern des Arbeitskreises danke ich für ihre Kollegialität und das ausgezeichnete Arbeitsklima.

Herrn Dr. Karl Fischer danke ich für die der Unterstützung und Durchführung von Tensid- sowie Polymersynthese, sowie. die Einarbeitung in die praktischen und theoretischen Grundlagen der Lichtstreuung.

Ebenso danke ich allen, die mir bei der Analytik meiner Proben behilflich waren. Insbesondere Eva Wächtersbach für die zahlreicheren MALDI-, dn/dc, GPC- und HPLC-Messungen. Weiterer Dank gilt Herr Robert Branscheid für die Durchführung der Cryo-TEM-Aufnahmen. Auch bei Frau Sandra Muth möchte ich mich für die Aufnahme der Rasterkraftmikroskopie bedanken.

Besonders bedanken möchte ich mich auch bei unserer Sekretärin Margitte Faust für die vielen, kleinen oder großen Hilfestellungen.

Allen meinen Kolleginnen und Kollegen des Arbeitskreises, besonders meinen Büro- und Laborkollegen, danke ich herzlich für die angenehme Arbeitsatmosphäre und die stete Hilfsbereitschaft.

Literatur

[1] V. Kabanov, A. Zezin, V. Izumrudov, T. Bronich et al., *Makromol Chem, Suppl.*, 1985, 13, 137–155

[2] H. Dautzenberg, *Macromolecular Symposium*, 2000, 162, 1–21

[3] E. D. Goddard, *Colloids and Surfaces*, 1986, 19, 301

[4] M. Antonietti, J. Conrad und A. Th¨unemann, *Macromolecules* 1994, 27, 6007–6011

[5] A. Thünemann, *Progress in Polymer Science*, 2002, 27, 1473–1572

[5] C. Faul und M. Antonietti, *Advanced Materials*, 2003, 15 (9), 673–683

[7] Z. Ou und M. Muthukumar, *The Journal of Chemical Physics*, 2006, 124 (15), 154902

[8] Kogej, K. Adv. *Colloid Interface Sci.* 2010, 158, 68-83

[9] H. Dautzenberg und G. Rother, *Macromolecular Chemistry and Physics*, 2004, 205:114–121

[10] Thünemann, A. F.; Müller, M.; Dautzenberg, H.; Goanny, J.-F.; Löwen, H., *Adv. Polym. Sci.*, 2004, 166, 113-171

[11] Dautzenberg, H.; Jaeger, W., *Macromol. Chem. Phys.*, 2002, 203, 2095-2102

[12] Tsuchida, E., *J. Macromol. Sci.*, Part A: Pure Appl. Chem., 1994, 31, 1-15

[13] I. Koltover, K. Wagner, C. R. Safinya, *Proc. Natl. Acad. Sci. USA*, 2000, 97, 14046.

[14] P. Pinnaduwage, L. Schmitt, L. Huang, *Biochim. Biophys. Acta*, 1989, 985, 33.

[15] P. L. Felgner, T. R. Gadek, M. Holm, R. Roman, H. W. Chan, M. Wenz, J. P. Northrop, G. M. Ringold, M. Danielsen, *Proc. Natl. Acad. Sci. USA*, 1987, 84, 7413.

[16] X. Gao, L. Huang, *Gene Ther.*, 1995, 2, 710.

[17] Edward R. Lee, John Marshall, Craig S. Siegel, Canwen Jiang, Nelson S. Yew, Margaret R. Nichols, Jennifer B. Nietupski, Robin J. Ziegler, Mathieu B. Lane, Kathryn X. Wang, Nick C. Wan, Ronald K. Scheule, David J. Harris, Alan E. Smith, and Seng H. Cheng, *Human Gene Therapy*, 1996, 7(14), 1701-1717.

[18] Alton E. W., Stern M., Farley R., Jaffe A., Chadwick S. L., Phillips J., Davies J., Smith S. N., Browning J., Davies M. G., Hodson M. E., Durham S. R., Li D., Jeffery P. K., Scallan M.,

Balfour R., Eastman S. J., Cheng S. H., Smith A. E., Meeker D., Geddes D. M., *The Lancet,* 1999, 353(9157), 947-954.

[19] Natasha J. Caplen, Eric W.F.W. Alton, Peter G. Middleton, Julia R. Dorin, Barbara J. Stevenson, Xiang Gao, Stephen R. Durham, Peter K. Jeffery, Margaret E. Hodson, Charles Coutelle1, Leaf Huang, David J. Porteous, Robert Williamson & Duncan M. Geddes, *Nature Medicine,* 1995, 1, 39-46.

[20] Gill D. R., Southern K. W., Mofford K. A., Seddon T, Huang L, Sorgi F, Thomson A, MacVinish L. J., Ratcliff R., Bilton D., Lane D. J., Littlewood J. M., Webb A. K., Middleton P. G., Colledge W. H., Cuthbert A. W., Evans M. J., Higgins C. F, Hyde S. C., *Gene Ther.*, 1997, 4(3):199-209.

[21] D. J. Porteous, J. R. Dorin, G. McLachlan, H. Davidson-Smith, H. Davidson, B. J. Stevenson, A. D. Carothers, W. A. H. Wallace, S. Moralee, C. Hoenes, G. Kallmeyer, U. Michaelis, K. Naujoks, L-P Ho, J. M. Samways, M. Imrie, A. P. Greening and J. A. Innes, *Gene Therapy,* 1997, 4, 210–218.

[22] Maureen D. Brown, Andreas G. Schätzlein, Ijeoma F. Uchegbu; *International Journal of Pharmaceutics,* 2001, 2291–2321.

[23] Dunlap, D. D., Maggi, A., Soria, M. R., and Monaco, L.; *Nucleic Acids Res.*, 1997, 25, 3095-101.

[24] Morimoto, K., Nishikawa, M., Kawakami, S., Nakano, T., Hattori, Y., Fumoto, S., Yamashita, F., and Hashida, M.; *Molecular Therapy.,* 2003, 7, 254–261.

[25] Lobo, B. A., Davis, A., Koe, G., Smith, J. G. und Middaugh, C. R.; *Arch Biochem Biophys.,* 2001 386, 95-105.

[26] Almofti, M. R., Harashima, H., Shinohara, Y., Almofti, A., Baba, Y. und Kiwada, H.; *Arch Biochem Biophys.,* 2003, 410, 246-253.

[27] Ciani L., Ristori S., Salvati A., Calamai L. und Martini G., *Biochim. Biophys Acta.,* 2004, 1664, 70-79.

[28] Pires P., Simoes S., Nir S., Gaspar R., Duzgunes N. und Pedroso de Lima, M. C., *Biochim. Biophys. Acta.,* 1999, 1418, 71-84.

[29] A. J. L. Villaraza, A. Bumb, M. W. Brechbiel, *Chem. Rev.*, 2010, 110, 2921–2959.

[30] W. Kuhn, *Angew. Chem.*, 1990, 102, 1–20; *Angew. Chem., Int. Ed. Eng.*, 1990, 29, 1–19.

[31] P. Caravan, J. J. Ellison, T. J. McMurry, R. B. Lauffer, *Chem. Rev.*, 1999, 99, 2293–2352.

[32] A. K. Gupta, M. Gupta, *Biomaterials*, 2005, 26, 3995–4021.

[33] Köchli, V. D., Marincek, B.; *Wie funktioniert MRI ?, 6. Aufl.*, Springer Medizin Verlag Heidelberg 2009

[34] Rummeny E J, Reimer P, Heindel W. *Ganzkörper-Tomographie*. Thieme, Stuttgart 2002, 476, 207-210, 295-296, 27-35.

[35] A. J. Spencer, S. A. Wilson, J. Batchelor, A. Reid, J. Rees and E. Harpur; *Toxicologic Pathology*, 1997, 25, 245-255.

[36] A. Spencer, S. Wilson and E. Harpur, *Human & Experimental Toxicology*, 1998, 17, 633-637.

[37] S. Yoneda, N. Emi, Y. Fujita, M. Ohmichi, S. Hirano and K. T. Suzuki; *Fundam. Appl. Toxicol.*, 1995 28, 65-70.

[38] H. J. Weinmann, R. C. Brasch, W. R. Press and G. E. Wesbey; *Am. J. Roentgenol.*, 1984, 142, 619-624.

[39] Tweedle M. F., Brittain H. G. and Eckelman W. C., *Magnetic Resonance Imaging (2 Edn)*. Saunders W.B., Philadelphia 1987

[40] M. F. Tweedle, G. T. Gaughan, J. Hagan, P. W. Wedeking, P. Sibley, L. J. Wilson and D. W. Lee; *Int. J. Rad. Appl. Instrum. B*, 1988, 15, 31-36.

[41] A. D. Watson, *J. Alloy Comp.*, 1994, 207-208.

[42] W. P. Cacheris, S. C. Quay and S. M. Rocklage, *Magn. Reson. Imaging*, 1990, 8, 467-481.

[43] G. Vittadini, E. Felder, P. Tirone and V. Lorusso; *Invest Radiol.*, 1988, 23, 246-248.

[44] Aaron Joseph L. Villaraza, Ambika Bumb and Martin W. Brechbiel; *Chem. Rev.*, 2010, 110, 2921–2959.

[45] P. Caravan, J. J. Ellison, T. J. McMurry, R. B. Lauffer, *Chem. Rev.*, 1999, 99, 2293–2352.

[46] J. W. S. Rayleigh; *Philos. Mag.*, 1899, 47, 375.

[47] M. Smoluchowski; *Ann. Phys.*, 1908, 25, 205.

[48] A. Einstein, Ann. Phys., 1910, 33, 1275.

[49] P. Debye, *J. Phys. & Colloid. Chem.*, 1910, 51, 18.

[50] Elias, Hans-Georg Elias; *Makromoleküle: Physikalische Strukturen und Eigenschaften*, 2000, Wiley-VCH, Auflage: 6

[51] P. Debye *Ann. Phys.*, 1915, 46, 809.

[52] B. H. Zimm, *J. Chem. Phys.*, 1948, 16, 1093-1099.

[53] Redouane Borsali, Robert Pecora *Soft-Matter Characterization* Springer 2008

[54] J. F. Siegert, *MIT Rap. Lab. Rep.*, 1943, 465.

[55] M. Henzler, W. Göpel, *Oberflächenphysik des Festkörpers*, 1991, Teubner, Stuttgart

[56] K. Siegbahn et al., *ESKA-Anatomic, Molecular and Solid State Strucutre Studies by Means of Electron Spectroscopy*, 1967, Uppsala.

[57] G.M. Ertl, J. Küppers, *Low energy electrons and surface chemistry*, Weinheim, Deerfield Beach, VCH-Verlag, 1985.

[58] T.L. Barr, Modern ESCA, *The Principles and Practice of X-RayPhotoelectron Spectroscopy*, CRC Press, Boca Raton, 1995.

[59] NIST X-ray Photoelectron Spectroscopy Database, http://srdata.nist.gov/xps/

[60] C. Kittel, *Einführung in die Festkörperphysik*, volume 14., deutsche. Oldenbourg Wissenschaftsverlag, München, 2006.

[61] J. F. Moulder, W. F. Stickle, P. E. Sobol, & K. D. Bomben, *Handbook of X-ray Photoelectron Spectroscopy*, Perkin-Elmer Cooperation, 1992.

[62] M. Schmalz, R. Sch¨ollhorn, & R. Schlögl; *Angew. Chem.*, 1991, 103, 983.

[63] S. Hüfner, *Photoelectron Spectroscopy: Principles and Applications*. 3.Edition Springer, Heidelberg 2003.

[64] D. Briggs & J. T. Grant, *Surface Analysis by Auger and X-Ray Photoelectron Spectroscopy*, IM Publications, 2003.

[65] W. Kuhn, *Angew. Chem.*, 1990, 102, 1–20.

[66] Q. A. Pankhurst, J. Connolly, S. K. Jones and J. Dobson, *Journal Of Physics D-Applied Physics*, 2003, 36(13), R167-R181.

[67] R. B. Lauffer, *Chem. Rev.*, 1987, 87, 901–927.

[68] *Handbook of Radical Polymerization* K. Matyjaszewski, Th.P. Davis , Ed., J. Wiley & Sons, New York, 2002, XII/629-690.

[69] D. G. Hawthorne, G. Moad, E. Rizzardo, S. H. Thang, *Macromolecules*, 1999, 32, 5457.

[70] Tim Stephan, *Dissertation*, Mainz 2002

[71] Klaus Huber; *Journal of Physical Chemistry,* 1993, 97 (38), 9825–9830.

[72] Dominic Tobias Störkle, *Dissertation*, Mainz 2007

[73] N. Hugenberg; *Dissertation,* Mainz 2000

[74] Toshihiro Yamase, Tomoji Ozeki and Minoru Tosaka, *Acta Cryst.,* 1994, C50, 1849-1852.

[75] Guido Pintacuda, Michael John, Xun-Cheng Su, and Gottfried OttingAcc, *Chem. Res.,* 2007, 40, 206-212.

[76] Vilaraza, A. J. L.; Bumb, A.; Brechbiel, M. W *Chem. Rev.,* 2010, 110, 2921–2959.

[77] Alexander V Kabanov; *Pharmaceutical Science & Technology Today,* 1999, 2, 365-372.

[78] M Thomas, A M Klibanov; *Applied Microbiology and Biotechnology,* 2003, 62(1), 27-34.

[79] E. Nakamura et al., *Journal of Controlled Release*, 2006, 114, 325–333

[80] Anouk Dirksen et al., *Chem. Commun.*, 2005, 2811–2813

[81] Jakub Rudovsky et al., *Chem. Commun.*, 2005, 2390–2392

[82] Subha Viswanathan, Zoltan Kovacs, Kayla N. Green, S. James Ratnakar, and A. Dean Sherry *Chem. Rev.*, 2010, 110, 2960–3018

[83] Yinglin Wang, Dissertation, Jilin Universität 2011

[84] Suzana Torres, Maria I. M. Prata, Ana C. Santos, Joa P. Andre, Jose´ A. Martins, Lothar Helm, Eva Toth, Maria L. Garcia-Martin, Tiago B. Rodrigues, Pilar Lopez-Larrubia, Sebastian Cerdan and Carlos F. G. C. Geraldes; *NMR Biomed.*, 2008, 21: 322–336

[85] V. Ribitsch, C. Jorde, J. Schurz, H. J. Jakobasch; *Colloid & Polymer Sci.*, 1988 77, 49-54

[86] M. Reischl, K. Stana-Kleinschek, V. Ribitsch; *Materials Science Forum*, 2006, 514-516, 1374-1378

[87] *Methoden der Analytischen Chemie* Bd.2 Teil2, Kap. 3.9.4, Verlag Chemie Weinheim 1984.

[88] Carlson, T.A., *Photoelectron and AugerSpectroscopy*, Plenum Press, New York 1955.

[89] C.D. Wagner, W.M. Riggs, L.E. Davis, J.F. Moulder, G.E. Muilenberg, *Handbook of X-ray Photoelectron Spectroscopy*, Perkin Elmer, 1992.

[90] D. Briggs, M.P. Seah, *Practical Surface Analysis by Auger and X-ray Photoelectron Spectroscopy*, John Viley and Sons, Chichester, 1983, 113.

[91] J. Mtiller, K. Fenderl and. B. *Mertschenk; Chem. Ber.,* 1971, 104, 700-704.

[92] Weifeng Bu, Haolong Li, Wen Li, Lixin Wu, Chunxi Zhai, and Yuqing Wu; *J. Phys. Chem. B,* 2004, 108, 12776-12782.

[93] Korinna Krohne *Dissertation* Mainz 2011

[94] *Zell-und Gewebekultur 6. Aufl.,* Spektrum Akademischer Verlag 2008.

[95] Tim Mosmann, *Journal of Immunological Methods,* 1983, 65, 55-63.

[96] Denizot, F. & Lang, R.; *J Immunol Methods,* 1986, 89, 271-277.

[97] Hansen, M. B., Nielsen, S. E. & Berg, K.; *J Immunol Methods,* 1989, 119, 203-10.

[98] Cory A. H., Owen T. C., Barltrop J. A. and Cory J. G.; *Cancer Communications,* 1991, 3, 207-212.

[99] Green L. M., Reade J. L. , Ware C. F.; *J Immunol Methods,* 1984, 70 257-268.

[100] Hombach, Graber, Botnar, *Kardiovaskuläre Magnetresonanztomographie: Grundlagen Technik, klinische Anwendung,* Schattauer Verlag, Stuttgart, 2005.

[101] Arvind P. Pathak,Barjor Gimi,Kristine Glunde,Ellen Ackerstaff, Dmitri Artemov, Zaver M. Bhujwalla, *Methods in Enzymology,* 2004, Volume 386, 1–58.

[102] Emiko Nakamura, Kimiko Makino, Teruo Okano, Tatsuhiro Yamamoto, Masayuki Yokoyama; *Journal of Controlled Release,* 2006, 114 325–333.

[103] Dominik Weishaupt, Victor D. Köchli, Borut Marincek, *Wie funktioniert MRI?: Eine Einführung in Physik und Funktionsweise der Magnetresonanzbildgebung,* 6 Aufl, Springer Medizin Verlag Heidelberg 2009.

[104] Feng J., Li X., Pei F., Sun G., Zhang X., Liu M., *Magnetic Resonance Imaging,* 2002, 20 407–412.

[105] Zhongfeng Li, Weisheng Li, Xiaojing Li, Fengkui Pei, Yingxia Li, Hao Lei; *Magnetic Resonance Imaging,* 2007, 25 412-417.

[106] Frauke Kühn, *Dissertation,* Mainz, 2010

[107] Dam, T., Engbert, J.B.F.N., Karthäuser, S., Karaborni, S., *Colloids and Surfactants A,* 1996, 118, 41-49.

[108] *Specialist surfactants,* ed. D. I. Robb, Publ. Blackie, London, 81-103 1997.

[109] Zhu Y., Masuyama A., Okahara M., *J. Am. Oil. Chem. Soc.,* 1990, 67, 459-463.

[110] Zhu Y., Masuyama A., Okahara M., *J. Am. Oil. Chem. Soc.,* 1991, 68, 268-271.

[111] Zhu Y., Masuyama A., Kirito Y., Okahara M., *J. Am. Oil. Chem. Soc.,* 1991, 68, 539- 543.

[112] Zhu Y., Masuyama A., Kirito Y., Okahara M., Rosen M. J., *J. Am. Oil. Chem. Soc.,* 1992, 69, 626- 632.

[113] Pestman, J. M., Terpstra, K.R., Staurt, C.A., van Doren, H.A., Kellogg, R.M., Enbert, J.B.F.N., *Langmuir,* 1997, 13, 6857-6860.

[114] Castro, M., Koventsky, J., Cirelli, A. F., *Tetrahydron Lett.,* 1997, 38, 3995-3998.

[115] Milton J. Rosen, *Surfactants and Interfacial Phenomena,* 3rd Edition, John Wiley & Sons. Inc. 1989.

[116] P. H. Elworthy, C. B. Macfarlane, *J. Chem. Soc.,* 1967 907

[117] T.Wolff, C. S. Emming, G. von Bünau; *J. Phys. Chem.,* 1991 95, 3731

[118] Fisher, L.R., Oakenfull, D.G., *Chem. Soc. Rev.,* 1977, 6, 25-42.

[119] J. N. Israelachvili, D. J. Mitchell, B. W. Ninham, *J. Chem. Soc., Faraday Trans.* II 1976 72 1525-1568

[120] Maiko M., Yoshiyuki E., *Polymer Journal,* 2007, 39 783-791.

[121] Kato T., Kanada M.,Seimiya T., *Langmuir,* 1995, 11, 1867.

[122] Yoshiyuki E.; Megumi E., ritsuko U., *Polymer Journal,* 2007, 39 792-801.

[123] Drögemeier J., Hinssen H., Eimer W., *Macromolecules,* 1994, 27, 87.

[124] Lortie F., Boileau S., Bouteiller L., et al., *Langmuir,* 2002, 18, 7218.

[125] Li Zhang, Jinyan Fu, Zhixiang Xia, Ping Wu, Xuefei Zhang, *Journal of Applied Polymer Science,* 2011, 122, 758-766.

[126] Kata MlinaricÂ-Majerski and Goran Kragol, *Tetrahedron,* 2001, 57 449-457.

[127] Navneet Kaur, Jean-Guy Delcros, Jennifer Archer, Nathan Z. Weagraff, Bénédicte Martin, and Otto Phanstiel, *J. Med. Chem.,* 2008, 51, 2551–2560.

[128] Kenji Mori; *Tetrahedron,* 2008, 64, 4060-4071.

[129] J. Michael Chong, Matthew A. Heuft, and Phil Rabbat, *J. Org. Chem.,* 2000, 65, 5837-5838.

[130] Shuji Sonda, Toshio Kawahara, Kenichi Katayama, Noriko Satoc and Kiyoshi Asano, *Bioorganic & Medicinal Chemistry,* 2005, 13 3295–3308.

[131] M. N. Jones and J. Piercy; *J. Chem. Soc. Faraday Trans.,* 1972 68:1839–1848

[132] Henry M. Leicester and Herbert S. Klickstein, *Philosophical Magazine,* 1850, 37, 350-356.

[133] Yoshimi Murozuka; Maria Carmelita Z. Kasuya, Masaki Kobayashi, Yousuke Watanabe;Toshinori Sato and Kenichi Hatanaka, *Chemistry & Biodiversity,* 2005, 2, 1063-1078.

[134] P. Ganapati Reddy, T. Verabhadra Pratap, G. D. Kishore Kumar, Subhendu K. Mohanty, and Sundarababu Baskaran, *European Journal of Organic Chemistry,* 2002, 3740-3743.

[135] Simin Liu, Christian Ruspic, Pritam Mukhopadhyay, Sriparna Chakrabarti, Peter Y. Zavalij, and Lyle Isaacs, *J. Am. Chem. Soc.*, 2005, 127, 15959-15967.

[136] J. M. Sequaris, *Interactions of Polycarboxylates with Major Inorganic Soil Components, in Detergents in the Environment* (Hrsg. M.J. Schwuger), Marcel Dekker, New York, 1997, S.225-245

[137] C.F. Anderson und H. Morawetz, *in Enzyclopedia of Chemical Technology* (Hrsg. Kirk-Othmer), John Wiley & Sons, New York, 1982, S.495-530

[138] *Organikum* 21. Auflage Wiley-VCH Weinheim, 2001.

[139] Achilefu S, Selve C, Stebe M. J, Ravey J. C, Delpuech J. J., *Langmuir,* 1994, 10, 2131-2138

[140] GÉ. Rard Coudert; Michel Mpassi; GÉRald Guillaumet; Claude Selve, *Synthetic Communications*, 1986, 16(1), 19-26

[141] Diplomarbeit; Chai,Wenqiang 2008

[142] W. Szeja, T. Bieg, Synthesis, 1985, 76 - 77

[143] A. J. Geall, I. S. Blagbrough, *Tetrahedron,* 2000, *56, 2449–2460.*

[144] Wellendorph P., Jaroszewski J.W., Hansen S.H., Franzyk H., *European Journal of Medicinal Chemistry,* 2003, 38, 117-122.

[145] Andrea Chellini, Roberto Pagliarin, Giovanni B. Giovenzana, Giovanni Palmisano and Massimo Sisti, *Helvetica Chimica Acta,* 2000, 83, 793-800.

[146] George W. Kabalka, Manju Varma, Rajender S. Varma, Prem C. Srivastava, Furn F. Knapp Jr., *J. Org. Chem.* 1986, 51, 2386-2388.

[147] Carl E. Wagner, Qiang Wang, Alexander Melamed, Craig R. Fairchild, Robert Wild, Clayton H. Heathcock, *Tetrahedron,* 2008, 64 124-136.

[148] Yoshihiro Yoshida, Koji Shimonishi, Yoshiko Sakakura, Shin Okada, Naoya Aso, Yoo Tanabe, *Synthesis,* 1999, 9, 1633–1636.

[149] Alan R. Katritzky, Rick J. Offerman, Jose M. Aurrec Echea and G. Paul Savage, *Talanta*, 1990, Vol. 37, No. 9, pp. 911-919.

[150] Sangita Roy, Antara Dasgupta, and Prasanta Kumar, *Langmuir,* 2006, 22, 4567-4573.

[151] Sang-sup Jew, Hyung-ook Kim, Byeong-seon Jeong, Hyeung-geun Park, *Tetrahedron: Asymmetry,* 1997 Vol. 8, No. 8, pp. 1187-1192.

[152] Xiangshu Xiao, Smitha Antony, Glenda Kohlhagenb, Yves Pommier, Mark Cushman, *Bioorganic & Medicinal Chemistry,* 2004, 12 5147–5160.

[153] Delwin S. Jackson, Stephanie A. Fraser, Li-Ming Ni, Chih-Min Kam, Ulrike Winkler, David A. Johnson, Christopher J. Froelich, Dorothy Hudig, and James C. Powers, *J. Med. Chem.*, 1998, 41, 2289–2301.

[154] Delcros, J.-G.; Tomasi, S.; Carrington, S.; Martin, B.; Renault, J., Blagbrough, I. S.; Uriac,P., *J. Med. Chem.,* 2002, 45, 5098-5111.

[155] Eriks, J.C., Vandergoot, H, Sterk, G.J., Timmerman, H., *J. Med. Chem.*, 1992, 35, 3239-3246.

[156] E. Boseggia, S. Moro, M. Gatos, L. Lucatello, F. Mancin, M. Palumbo, C. Sissi, P. Tecilla, U. Tonellato, G. Zagotto, *J. Am. Chem. Soc.*, 2004, 126, 4543-4549.

[157] H. Ammann and G. Dupuis, *Can. J. Chem.*, 1988, 66, 1651-1655.

[158] Richard Andrew Gardner, Jean-Guy Delcros, Fanta Konate, Fred Breitbeil III, Benedicte Martin, Michael Sigman, Min Huang, and Otto Phanstiel IV, *J. Med. Chem.*, 2004, 47, 6055-6069.

[159] Ho H. Lee, Brian D. Palmer, Bruce C. Baguley, Michael Chin, W. David McFadyen, Geoffrey Wickham, Deborah Thorsbourne-Palmer, Laurence P. G. Wakelin, William A. Denny, *J. Med. Chem.*, 1992, 35, 2983-2987.

[160] Navneet Kaur, Jean-Guy Delcros, Benedicte Martin, and Otto Phanstiel, IV, *J. Med. Chem.,* 2005, 48, 3832-3839.

[161] Chouaib Tahtaoui, Isabelle Parrot, Philippe Klotz, Fabrice Guillier, Jean-Luc Galzi, Marcel Hibert, and Brigitte Ilien, *J. Med. Chem.,* 2004, 47, 4300-4315.

[162] Chris J. Hamilton, Alan H. Fairlamb and Ian M. Eggleston, *J. Chem. Soc., Perkin Trans. 1,* 2002, 1115–1123.

[163] Khaled A. Aamer, Gregory N. Tew; *Journal of Polymer Science: Part A: Polymer Chemistry*, 2007, 45, 5618-5625.

[164] San H. Tang, Y. K. Chong, Roshan T.A. Mayadunne, Graeme Moad und Ezio Rizzardo, *Tetrahedron Letters,* 1999, 40, 2435-2438.

i want morebooks!

Buy your books fast and straightforward online - at one of world's fastest growing online book stores! Environmentally sound due to Print-on-Demand technologies.

Buy your books online at
www.get-morebooks.com

Kaufen Sie Ihre Bücher schnell und unkompliziert online – auf einer der am schnellsten wachsenden Buchhandelsplattformen weltweit! Dank Print-On-Demand umwelt- und ressourcenschonend produziert.

Bücher schneller online kaufen
www.morebooks.de

VDM Verlagsservicegesellschaft mbH
Heinrich-Böcking-Str. 6-8　　Telefon: +49 681 3720 174　　info@vdm-vsg.de
D - 66121 Saarbrücken　　　Telefax: +49 681 3720 1749　　www.vdm-vsg.de

Printed by Books on Demand GmbH, Norderstedt / Germany